欧洲联盟 Asia-Link 资助项目

可 持 续 建 筑 系 列 教 材

张国强　尚守平　徐　峰　主编

可持续居住区规划与设计

Sustainable Planning and Design for Residential District

焦胜　邱灿红　徐峰　张国强等　编著

赵红红　主审

中国建筑工业出版社

图书在版编目(CIP)数据

可持续居住区规划与设计/焦胜等编著. —北京：中国建筑工业出版社，2010.9
(可持续建筑系列教材)
ISBN 978-7-112-12201-1

Ⅰ.①可… Ⅱ.①焦… Ⅲ.①居住区—城市规划—研究 Ⅳ.①TU984.12

中国版本图书馆 CIP 数据核字(2010)第 118767 号

责任编辑：姚荣华　杜　洁
责任设计：赵明霞
责任校对：关　健

可持续建筑系列教材
张国强　尚守平　徐　峰　主编
可持续居住区规划与设计
Sustainable Planning and Design for Residential District
焦胜　邱灿红　徐峰　张国强等　编著
赵红红　主审

*

中国建筑工业出版社出版、发行(北京西郊百万庄)
各地新华书店、建筑书店经销
北京天成排版公司制版
北京盈盛恒通印刷有限公司印刷

*

开本：787×1092 毫米　1/16　印张：12　字数：300 千字
2010 年 10 月第一版　2010 年 10 月第一次印刷
定价：28.00 元
ISBN 978-7-112-12201-1
(19473)

版权所有　翻印必究
如有印装质量问题，可寄本社退换
(邮政编码　100037)

可持续建筑系列教材
指导与审查委员会

顾问专家（按姓氏笔画排序）：
马克俭　刘光栋　江　亿　汤广发　何镜堂　张锦秋　沈祖炎
沈蒲生　周绪红　周福霖　官　庆　欧进萍　钟志华　戴复东

审稿和指导专家（按姓氏笔画排序）：
王汉青　王如竹　王有为　仲德崑　刘云国　刘加平　朱　能
朱颖心　张小松　张吉礼　张　旭　张冠伦　张寅平　李安桂
李百战　李国强　李保峰　杨　旭　杨旭东　肖　岩　陈飞虎
陈焕新　孟庆林　易伟建　姚　杨　施　周　柳　肃　赵万民
赵红红　赵明华　徐　伟　黄政宇　黄　翔　曾光明　魏春雨

可持续建筑系列教材
编委会

主编：　张国强　尚守平　徐　峰
编委（英文名按姓氏字母顺序排序，中文名按姓氏笔画排序）：
　　　　Heiselberg Per　　Henriks Brohus　　Kaushika N. D.
　　　　Koloktroli Maria　　Warren Peter
　　　　方厚辉　方　萍　王　怡　冯国会　刘宏成　刘建龙　刘泽华
　　　　刘　煜　孙振平　张　泉　李丛笑　李念平　杜运兴　邱灿红
　　　　陈友明　陈冠益　周　晋　柯水洲　赵加宁　郝小礼　黄永红
　　　　喻李葵　焦　胜　谢更新　解明镜　雷　波　谭洪卫　燕　达

可持续建筑系列教材
参加编审单位

Aalborg University	西北工业大学
Bahrati Vidyapeeth University	西安工程大学
Brunel University	西安建筑科技大学
Careige Mellon University	西南交通大学
广东工业大学	同济大学
广州大学	沈阳建筑大学
大连理工大学	武汉大学
上海交通大学	武汉工程大学
上海建筑科学研究院	武汉科技学院
长沙理工大学	河南科技大学
中国社会科学院古代史研究所	哈尔滨工业大学
中国建筑科学研究院	贵州大学
中国建筑西北设计研究院	重庆大学
中国建筑设计研究院	南华大学
中国建筑股份有限公司	香港大学
中国联合工程公司上海设计分院	浙江理工大学
天津大学	桂林电子科技大学
中南大学	清华大学
中南林业科技大学	湖南大学
东华大学	湖南工业大学
东南大学	湖南工程学院
兰州大学	湖南科技大学
北京科技大学	湖南城市学院
华中科技大学	湖南省电力设计研究院
华中师范大学	湘潭大学
华南理工大学	

总 序

我国城镇和农村建设持续增长,未来 15 年内城镇新建的建筑总面积将达到 100 亿~150 亿 m^2,为目前全国城镇已有建筑面积的 65%~90%。建筑物消耗全社会大约 30%~40% 的能源和材料,同时对环境也产生很大的影响,这就要求我们必须选择更为有利的可持续发展模式。2004 年开始,中央领导多次强调鼓励建设"节能省地型"住宅和公共建筑;建设部颁发了《关于发展节能省地型住宅和公共建筑的指导意见》;2005 年,国家中长期科学与技术发展规划纲要目录(2006~2020 年)中,"建筑节能与绿色建筑""改善人居环境"作为优先主题列入了"城镇化与城市发展"重点领域。2007 年,"节能减排"成为国家重要策略,建筑节能是其中的重要组成部分。

巨大的建设量,是土木建筑领域技术人员面临的施展才华的机遇,但也是对传统土木建筑学科专业的极大挑战。以节能、节材、节水和节地以及减少建筑对环境的影响为主要内容的建筑可持续性能,成为新时期必须与建筑空间功能同时实现的新目标。为了实现建筑的可持续性能,需要出台新的政策和标准,需要生产新的设备材料,需要改善设计建造技术,而从长远看,这些工作都依赖于第一步——可持续建筑理念和技术的教育,即以可持续建筑相关的教育内容充实完善现有土木建筑教育体系。

随着能源危机的加剧和生态环境的急剧恶化,发达国家越来越重视可持续建筑的教育。考虑到国家建设发展现状,我国比世界上任何其他国家都更加需要进行可持续建筑教育,需要建立可持续建筑教育体系。该项工作的第一步就是编写系统的可持续建筑教材。

为此,湖南大学课题组从我本人在 2002 年获得教育部"高等学校教学科研奖励计划项目"资助开始,就锲而不舍地从事该方面的工作。2004 年,作为负责单位,联合丹麦 Aalborg 大学、英国 Brunel 大学、印度 Bharati Vidyapeeth 大学,成功申请了欧盟 Asia-Link 项目"跨学科的可持续建筑课程与教育体系"。项目最重要的成果之一就是出版一本中英文双语的"可持续建筑技术"教材,该项目为我国发展自己的可持续建筑教育体系提供了一个极好的契机。

按照项目要求,我们依次进行了社会需求调查、现有土木建筑教育体系现状分析、可持续建筑教育体系构建和教材编写、试验教学和完善、同行研讨和推广等步骤,于 2007 年底顺利完成项目,项目技术成果已经获得欧盟的高度评价。"可持续建筑技术"教材作为项目主要成果,经历了由薄到厚,又由厚到薄的发展过程,成为对我国和其他国家土木建筑领域学生进行可持续建筑基本知识教育的完整的教材。

对我国建筑教育现状调查发现,大部分土木建筑领域的专业技术人员和学生明白可持续建筑的基本概念和需求;调查的 10 所高校的课程设置发现,在建筑学、城市规划、土木工程和建筑环境与设备工程 4 个专业中,与可持续建筑相关的本科生和研究

总 序

生课程平均多达20余门,其中,除土木工程专业设置的相关课程较少外,其余三个专业正在大量增设该方面的课程。被调查人员大部分认为,缺乏系统的教材和先进的教学方法是目前可持续建筑教育发展的最大障碍。

基于调查和与众多合作院校师生们的交流分析,我们对课题组三年研究压缩到一本教材中的最新技术内容,重新进行整合,编写成为12本可持续建筑技术系列教材。这些教材包括新的建筑设计模式、可持续规划方法、可持续施工方法、建筑能源环境适用技术及其模拟技术、室内环境与健康以及可持续的结构、材料和设备系统等,从构架上基本上能够满足土木建筑相关专业学科本科生和研究生对可持续建筑教育的需求。

本套教材是来自51所国内外大学和研究院所的100余位教授和研究生3年多时间集体劳动的结晶。感谢编写教材的师生们的努力工作,感谢审阅教材的专家教授付出的辛勤劳动,感谢欧盟、教育部、科学技术部、国家基金委、湖南省科技厅、湖南省建设厅、湖南省教育厅给予的相关教学科研项目资助,感谢中国建筑工业出版社领导和编辑们的大力支持,感谢对我们工作给予关心和支持的前辈、领导、同事和朋友们,特别感谢湖南大学领导刘克利教授、钟志华院士、章兢教授对项目工作的大力支持和指导,感谢中国建筑工业出版社领导沈元勤总编辑和张惠珍副总编辑,使得这套教材在我国建设事业发展的高峰时期得以适时出版!

由于工作量浩大,作者水平有限,难免出现失误和遗漏,敬请广大读者批评指正,并提出好的建议,以利再版时完善。

张国强
2008年6月于岳麓山

序

进入21世纪,中国的城市化进程更为迅猛,城市化水平从目前的43%提高到75%,需要解决近四亿人的居住问题,中国的住宅建设发展前景广阔。过去30年,中国的住宅建设经历了数量、质量、品牌、环境四个发展阶段。面对能源、环保、节能等问题,目前高度关注的是住区开发的经济、节能、生态、健康问题。

本书在收集国内外大量文献、案例的基础上,从可持续居住区的定义、概念入手,对生态技术应用、评价体系、景观规划设计、生态社区建设、传统住区的可持续发展等关键问题进行了深入的分析研究。本书的选题对我国居住区规划建设具有理论指导意义,同时具有现实的参考价值。

本书资料丰富、分析深入、论证充分、论点正确,不仅有一般性的定性研究,还有定量化的指标研究,并结合案例进行了应用分析。本书每章结尾设计了问题,便于学生思考和掌握各章节的重点。

本书是近年来在居住区规划设计理论与实践方面视野比较宽阔,内容比较全面,参考价值很高的一本教科书。建议对部分章节适当修改、完善以后出版,既可以作为城市规划等专业学生的教材,也可以供房地产开发、住区景观设计、生态技术应用等相关人员参考。

赵红红
2009年11月于岳麓山

前 言

本书是欧盟 Asia-Link 项目"跨学科的可持续建筑课程与教育体系"、湖南省科技支撑计划(NO.2009FJ4056)、教育部 2009 年博士点新教师基金(NO.20090161120014)等课题研究的主要成果，侧重于居住区的可持续研究，试图构建将可持续居住区规划各个方面的知识和技术协调描述的框架。

第一章通过对国内外各种可持续居住区规划理论的总结和梳理，对读者从整体上把握可持续居住区规划的核心思想及发展脉络提供方便。第二章定性与定量相结合，介绍了各项生态技术，包括太阳能、水资源及土地资源等能、资源利用技术在居住区规划中的应用。第三章重点介绍可持续居住区评价体系，包括其涵盖的评价指标、评价方法以及相关的技术保障。第四章总结目前居住区景观规划的现状及面临问题，并针对性地介绍了景观生态学、景观生态系统保护与修复、绿量理论等理论，并初步探讨了这些理论在居住区景观规划中的应用。第五章介绍了生态社区的内容、目标体系与设计方法，并结合实例介绍了生态社区不同的实践类型。第六章主要探讨了传统居住区的可持续性发展问题，依次对传统居住区基于气候适宜性的布局，传统居住区规划设计与建筑节能，以及传统居住区面临的问题，希冀其能对于现代居住区规划提供有益的借鉴。第七章举出了国内外许多优秀可持续居住区范例，通过实例解读可持续规划方法如何应用于现代居住区。

本书是湖南大学与欧盟项目合作单位以及部分国内大学师生集体的劳动成果。参加编写的人员包括：

焦胜、邱灿红、徐峰、张国强、刘建龙、魏春雨、曾光明、黄丹莲、李忠武、周建飞、王玲玲、杨涛、邓晨华、王君、高青、刘贝、赵艾湘、周晋、解明镜、彭珊妮、傅济、郭洋、彭建国、王胜斌、项丹强、国洪更、郝俊红、李俊、姚芳。

本书由焦胜负责统稿，赵红红教授担任主审。

通过以上编写人员近四年的全力工作，终于有了如此来之不易的成果，不过由于可持续居住区体系较大，内容繁杂，而且现代与传统在技术等层面的相互比较与融合是一个长期而细致的过程。本书构建的框架还只是当代居住区发展的一个过渡阶段，即是一种探索。在编写过程中难免有遗漏和错误，敬请有关专家和读者批评指正。

焦胜

2010 年 7 月

目　　录

总序
序
前言

第一章　绪论 ·· 1
　　第一节　居住区规划理论研究的发展 ··· 1
　　第二节　中国可持续居住区发展现状及面临问题 ···························· 22
　　第三节　可持续居住区的原则 ··· 28
　　思考题 ·· 32
　　参考文献 ·· 32

第二章　生态技术在居住区的应用 ·· 34
　　第一节　居住区环境保护技术 ··· 34
　　第二节　居住区可再生资源的利用技术 ·· 40
　　第三节　居住健康保障技术 ·· 49
　　第四节　居住区土地资源的集约化利用 ·· 52
　　思考题 ·· 53
　　参考文献 ·· 54

第三章　可持续居住区评价体系 ·· 55
　　第一节　可持续居住区评价体系发展概况与面临问题 ······················ 55
　　第二节　可持续发展居住区评价指标体系的构建原则与方法 ············· 65
　　第三节　案例分析 ··· 72
　　思考题 ·· 75
　　参考文献 ·· 75

第四章　可持续居住区景观规划与设计 ·· 77
　　第一节　可持续居住区景观概述 ·· 77
　　第二节　景观生态学理论在可持续居住区景观规划中的应用 ············· 78
　　第三节　可持续居住区景观规划设计 ·· 80
　　第四节　可持续居住区景观生态系统保护与修复研究 ······················ 91
　　第五节　可持续居住区中的绿量 ·· 97
　　思考题 ·· 101
　　参考文献 ·· 101

第五章　生态社区建设 ··· 102
　　第一节　生态社区的内涵、特点与功能 ······································· 102
　　第二节　生态社区的内容与目标体系 ·· 105

目 录

  第三节 生态社区的设计方法 …………………………………………… 107
  第四节 生态社区的实践类型 …………………………………………… 108
  思考题 …………………………………………………………………………… 115
  参考文献 ………………………………………………………………………… 116

第六章 传统居住区的可持续发展研究 117
  第一节 基于气候适应性的传统居住区规划布局 ………………………… 117
  第二节 传统居住区规划设计与建筑节能 …………………………………… 121
  第三节 传统居住区面临的问题以及更新 …………………………………… 124
  第四节 传统居住区对现代居住区的借鉴 …………………………………… 128
  思考题 …………………………………………………………………………… 129
  参考文献 ………………………………………………………………………… 130

第七章 可持续居住区案例分析 132

第一章 绪 论

在新世纪第一个十年接近尾声的时候,居住区规划是城市规划中有待解决的最重要问题之一,因为它影响着我们社会的各个方面。在改革开放30年后的中国,为了适应环境的发展,我国的住宅区建设无论是从数量上还是从质量上都有了长足的进步。然而,居住区发展中面临的诸如社会的隔离、环境污染以及高昂的能耗等社会生态方面的问题,却还没被大众所意识到。中国要在相对较短的30年里,将现有的约3.7亿城市人口增加两倍以上,中国的城市化正在沿着高速发展的轨道前进,其建设量相当于再造一个中国,且其中大约一半的建设量来自于居住区。由于住宅寿命一般在100年左右,另外住宅在建造和使用过程中消耗的资源能源大部分是不可再生材料,因此可以说,这50年将决定中国未来100年甚至更长时间里的人居环境质量。正如路德林和福克所言,"当我们规划城市城镇时,当我们建造住宅时,我们至少应该向前考虑100年,这一方面,在刚刚过去的几年我们做的显然是失败的。成功的场所是那些经受住时间考验,能够持续永久的场所","我们在千年之交所做的关于将来房屋形态的决定对于城镇的将来以及大多数人的幸福安康有着根本的影响"(路德林和福克,1998年)。

居住区对我们的未来是如此之重要,但目前"尽管人们开始考虑新住宅应该建在何处以及绿地和城市发展的平衡问题上,但是至于我们应该建造什么、应该创造哪一类的城镇之类的问题,相对而言较少有人考虑"(路德林和福克,1998年)。所以,为国内居住区选择一种更适当更持续的发展模式,已经成为当务之急。

第一节 居住区规划理论研究的发展

居住区作为具有一定规模的居民聚居地,是构成城市的主要有机组成部分,它为居民提供居住生活空间和各种生活服务设施。居住区规划是城市详细规划的重要内容,是实现城市规划的重要步骤,其目的是为居民创造舒适、便利、卫生、安全、美观的居住环境,满足人们对居住的需求。目前,有关居住区的理论是20世纪50年代前苏联为适应现代化生活和交通的需要而提出的,并随后形成了一系列规划原则和手法,但居住区理论则早在西方工业革命以及城市化过程中就出现了。随着城市的不断成长,居住区层面的规划内容与目标也在不断地变化,相关理论不断地补充完善,在东西方学者的努力下,关于居住区规划理论研究的发展经历了从偏重物质功能提高到人文内涵、上升至可持续发展理念的探索。

一、早期居住区规划思想

18世纪下半叶开始的工业革命,使社会经济领域和城市空间结构组织方式等发生

第一章 绪 论

了巨大的变动。由于城市人口迅速膨胀,原有以家庭经济为中心而形成的空间尺度与城市格局日益瓦解,城市各项功能趋于复杂,城市居住状况急剧恶化,各类社会弊病突现。在此基础上,首先是19世纪美国芝加哥世界博览会所发起的"城市美化运动"。其宗旨正如展览会首席建筑规划师伯纳姆所说的:"不要做小规划,因为小规划没有改变人类精神的力量。"从那以后,宽敞的街道、大型的广场、宏伟的建筑、巨大的雕塑和豪华的游泳池就成了城市建设所追求的东西。但是这些宏伟的设计风格没有被大城市广泛地采纳,因为其建设成本很高,而且人们普遍反对在小范围内聚集过多的人和城市功能。这些建筑在展示军事力量、镇压革命和激发人们的爱国热情方面也许有一定的作用(理查德·瑞吉斯特,2001年),但实际上,它们对经济和文化的发展,对于公众居住环境的改善没有什么功能上的作用。究其失败的原因,主要是当时社会的深刻变革,导致建筑与城市主要的服务对象与以往完全不同,而"城市美化运动"却脱离了这一关键问题。当时主要矛盾包括两个方面:首先是工业化带来快速的城市化,需要快速低成本建造大量的公共与民用建筑;其次,工人和市民阶层缺乏能保障基本生理、安全条件的住房。针对以上问题,一系列社会改良家、建筑师以及规划师为了创造一个"任何人都要维持像样的生活"(Auke van der Woud,1983年)的理想城市,而不断探索和实践,先后涌现了R·欧文的"合作新村",1929年美国建筑师C·佩里提出的邻里单位等,而最"完美"的构想来自于是埃比尼泽·霍华德(Ebenezer Howard)与勒·柯布西耶(Le Corbusier)。在这一主题上,一本书要是缺乏了霍华德的三磁铁或者勒·柯布西耶的阳光城(Ville Radieuse)就不完整。乌托邦思想家和其他一些思想家在抓住工业时代机遇的同时反对工业化城市带来的灾难,而在很大程度上都寄希望于物质环境的建设与完善来推动居住区的发展。

1. 霍华德的"田园城市"理论

在乌托邦思想家的理论模型中,田园城市和阳光城市都为了同一目标(建设花园城市),但却采取两种截然不同的城市与居住区空间发展模式(集中与分散)。田园城市是城市"分散派"理论的代表,也得到当时大多数城市规划理论家的认可,与之类似的还有赖特的"广亩城市"与伊利尔·沙里宁的"有机疏散"理论。

1898年,英国社会活动家埃比尼泽·霍华德(Ebenezer Howard)提出了"田园城市"理论,把田园城市构想成一个城市周围有自然和农业的地带——绿带,规划密度是现有美国郊区社区密度的两倍。房屋被规划建设在离城市中心不远的地方,城市中心是商业区,而且离市民公共活动中心和市内公园不远。工厂被规划在城市的边缘,靠近绿带。在占地5000亩,人口为3万的城市里,应该平均规划1000英亩(约4.047km^2)的自然和农业保留地。这样,城市便兼有城乡二者的优点,使得城市生活和乡村生活像磁铁那样彼此吸引,相互结合。城市结构为同心圆放射状结构(图1-1)。在他的"田园城市"中,居民点就像细胞增殖一样,在绿色田野的背景下,呈现为多种新的复杂的城镇集聚区。霍华德认为,"实现合作化文明的激进理想只有在那种根植于分散化的社会形态小社区中才能实现"(费希曼,1977年),"实际上他所提出来的规划方案是一种遏制的分散化主张"。此模式对后来卫星城市的建设起到了促进作用,对以后的城市规划和居住区规划起到了启蒙作用。

第一节 居住区规划理论研究的发展

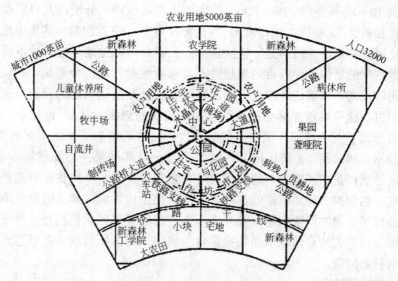

图1-1 霍华德的田园城市规划设想方案(图片来自《明日的田园城市》)

田园城市将环绕同一个中心——一个中心公园开始组建。围绕中心公园四周的是住宅环，由一条巨大的林荫道将住宅环与工业外环隔离开。在现代城市中可以找到很多对这些特征的效仿：戴着玻璃屋顶的购物中心，绿树成荫的街道和功能分区。先是1903年由帕克和昂温设计的"莱奇沃思"(Letchworth)，其后是1919年由路易斯·德·瓦松(Louis De Soissons)设计的"韦林"(Welwyn)田园城市。虽然在理论上，这些城市很适宜居住，但实际上，它们缺少大城市或老城市所具有的生命力。这两个城市最终规模比规划得要小，但在很多方面都做得很好，包括资金方面。因为，在当时，英国的住房需要政府的资助，但这两个城市却从未得到过政府的资助，为了表明公平，他们实行了一个社区共享计划。计划规定，每人可以按照他们的居住面积购买一定比例的公共土地，但每年所购买的土地比例不能超过总数的5%，多余的部分归社区所有。

理查德·瑞吉斯特认为"田园城市是生态城市开始出现的标志，并将其加以实现，田园城市启发了人们进一步发展生态城市的愿望"(理查德·瑞吉斯特，2001年)。

2. "广亩城市"方案

1932年，赖特在《消失中的城市》(The Disappearing City)一书中提出"广亩城市"的纲要，认为未来城市应该是无所不在而又无所不在的。赖特代表一种更为极端的分散论观点。他的广亩城市"希望整个美国都变为一个个人化的国度。他构想的被称之为'广亩'的城市，把城市的分散从小社区推演到每一个家庭"(费希曼，1977年)。他强调城市中人的个性，反对集体主义。"在20世纪20年代，赖特发现机动车辆以及电的应用可能导致城市结构的松动，使得它们可以向乡村蔓延开去，而这正是一个让人们在新技术帮助下重返土地，回到自己本原的生活状态的绝佳时机。在他看来，一个基本的居住单位将是一份属于自己的田产，与之配套的是在一片农田上零星分布的工厂、学校和商店。新技术的产生将使美国人从城市中解放出来：每一个公民

第一章 绪　论

都将在方圆 10～20 英里(约 16～32km)的家园上享有生产、分配以及自我改善和享受的各种条件和机会"(赖特，1945 年)。在这种模型中，19 世纪城市的集中性被重新分布在一个地区性农业的方格网上。赖特宣称：人们应当自觉地建立一种本质上是反城市的、分散占地的新体系。广亩的理想并不意味着绝对自由的分散化，相反的，它是建立在缜密的规划和审美的考虑之上的。赖特对自己分散化构想的预期是正确的。他曾经说过，以为这种规划方案会被采纳是一种错误的想法。从 20 世纪 20 年代开始，诸多的因素导致了大量城郊区域在美国的出现，而后又掀起了逆城市化的浪潮(迈克尔·布雷赫尼，1996 年)。美国的郊区化实现了，但其结果并不是赖特希望的那样，大部分郊区化居民是中产阶级，他们为同时享受城市文明与乡村良好自然环境而来到郊区，而这一切依赖于机动车辆的普及以及政府在住房方面的相关鼓励政策。城乡之间的通勤造成了交通的严重拥堵以及环境污染，而随着郊区化的蔓延，低密度的土地利用使城市外围的大片自然绿地面临被蚕食的威胁。郊区化与城市蔓延逐渐成为美国一个严重的社会问题。

3. 有机疏散理论

芬兰建筑师伊利尔·沙里宁为缓解由于城市过分集中所产生的弊病，提出了关于城市发展及其布局结构的理论——有机疏散理论。沙里宁在他 1942 年写的《城市，它的发展、衰败和未来》一书中对有机疏散理论作了系统的阐述。他认为，今天趋向衰败的城市，需要有一个以合理的城市规划原则为基础的革命性的演变，使城市有良好的结构，以利于健康发展。沙里宁提出了有机疏散的城市结构的观点，他认为，这种结构既要符合人类聚居的天性，便于人们过共同的社会生活，感受到城市的脉搏，而又不能脱离自然。有机疏散理论就是把扩大的城市范围划分为不同的集中点所组成的区域，这种区域内又可分为不同活动所需的地段。该理论提供了一种居住区内居住功能要素集中、居住区分散布置的居住模式。

有机疏散的城市发展方式能使人们居住在一个兼具城乡优点的环境中。沙里宁认为，城市作为一个机体，它的内部秩序实际上是和有生命的机体内部秩序相一致的。如果机体中的部分秩序遭到破坏，将导致整个机体的瘫痪和坏死。为了挽救今天城市免趋衰败，必须对城市从形体上和精神上全面更新，再也不能听任城市凝聚成乱七八糟的块体，而是要按照机体的功能要求，把城市的人口和就业岗位分散到可供合理发展的离开中心的地域。有机疏散论认为没有理由把重工业布置在城市中心，轻工业也应该疏散出去。当然，许多事业和城市行政管理部门必须设置在城市的中心位置。城市中心地区由于工业外迁而腾出的大面积用地，应该用来增加绿地，而且也可以供必须在城市中心地区工作的技术人员、行政管理人员、商业人员居住，让他们就近享受家庭生活。很大一部分事业，尤其是挤在城市中心地区的日常生活供应部门将随着城市中心的疏散，离开拥挤的中心地区。挤在城市中心地区的许多家庭疏散到新区去，将得到更适合的居住环境。中心地区的人口密度也会降低。有机疏散必须以"对日常活动进行功能性的集中"和"对这些集中点进行有机疏散"两种组织方式为根本，前者提供城市生活和居住条件，后者则提供城市功能秩序和效率。

沙里宁指出，治理大城市问题不一定通过建设新城的途径，通过对其有机疏散同样可以达到目的。有机疏散理论强调对城市发展和布局的重新建构,其目标首先是把城市衰败地区的活动有计划地迁移,其次是对腾出来的地区有计划地建设,再次是保护一切老的和新的使用价值。其特点就是将原先密集的城区分解成一个个的集镇,彼此之间用保护性绿地隔离开来。大赫尔辛基规划是城市有机疏散理论思想的突出反映。

有机疏散的两个基本原则是:(1)依据活动频率规划场所的空间距离。把个人日常的生活和工作,即沙里宁称为"日常活动"的区域,作集中的布置;不经常的"偶然活动"(例如看比赛和演出)的场所,不必拘泥于一定的位置,则作分散的布置。日常活动尽可能集中在一定的范围内,使活动需要的交通量减到最低程度,并且不必都使用机械化交通工具。往返于偶然活动的场所,虽路程较长亦属无妨,因为在日常活动范围外的绿地中设有通畅的交通干道,可以使用较高的车速迅速往返。(2)城市功能结构不善是交通问题的根本原因。有机疏散论认为,个人的日常生活应以步行为主,并应充分发挥现代交通手段的作用。这种理论还认为,并不是现代交通工具使城市陷于瘫痪,而是城市的机能不善,迫使在城市工作的人每天耗费大量时间、精力往返旅行,且造成城市交通的拥挤堵塞。

4. 勒·柯布西耶与"阳光城市"

法国的勒·柯布西耶在其两本著作里面提出了他的乌托邦设想——在1922年发表的《明日的城市》中提出"现代城市"的设想,在1931年提出了"阳光城市"的规划方案。他开发阳光城市的目的和霍华德以及后来20世纪很多规划师的目的非常相似。他试图解除城市中心的拥堵情况,增大流动性,增加公园和开放空间的数量。在当时,人们将城市人口过密视为一个亟需改革的主要问题,大部分现代派的规划都试图通过降低密度来解决这个问题。不同于田园城市建造者和大多数现代设计师,勒·柯布西耶旗帜鲜明地反对降低城市的密度,他将扩散的美国城市斥为"巨大的浪费",并将其归因于霍华德的田园城市理论。因此,勒·柯布西耶希望城市集中发展,他计划通过技术方法来克服高密度所引发的问题:他主张提高城市中心区的建筑高度,利用高层建筑和多层交通等现代设施来取代水平式城市,增加人口密度,因此希望将城市居住者密度提高到每英亩1200人左右,而这几乎是当时巴黎平均密度的10倍;建立一个高效率的城市交通系统,使得拥挤带来的城市问题可以通过这种技术手段加以解决。他指出,城市宜按功能分区,以方格网加放射形道路系统代替同心圆式布局,这样才能留出空间和绿地让居民获得足够的阳光和空气。

"阳光城市"是第一个包含道路分层的城市规划设计,在临近道路网络安装现场的地方设计了缓解交通拥堵的地下线路,而地面水平街道则在城市中穿梭,其上方是自由流动的公路,以迎合长途旅行的需求。虽然勒·柯布西耶一再强调地面100%的土地归行人所有,但其著述中很少提及步行者的具体需求,很明显,其方案的规模在很大程度上是以汽车的需求为基础,而非徒步旅行的需求。

这些理念对"二战"后住宅发展的影响很大:随处可见的地铁、高速公路以及高层住宅。尤其在美国,当时的高层建筑技术,包括牢固的结构、电梯和电灯,使建筑物向节约土地、节省空间的方向发展。自19世纪末开始,在美国高层建筑如雨后春笋般出现。这种纵向的功能和运动的分离破坏了城市中心和住宅区。地面成为汽车的天堂,而行人被放逐到人行天桥或者地下通道。柯布西耶理念从技术上解决了高密度的城市规划问题,但如何在这种高密度的城市环境下,将居住环境的安全舒适便捷与集约利用土地有机结合,至今仍然是留给后人的一个很现实的难题。

5. 包豪斯的理论

"对住宅设计更深层的影响来自于德国的包豪斯,住宅设计非常接近包豪斯试图应用于所有设计元素的同一系统、同一功能的秩序。"尽管包豪斯所提倡的住宅要比勒·柯布西耶的规模小得多,但是它仍然和其共享一套集中于工业化生产的设计基本原理。包豪斯所提出的住宅设计理念对现代主义运动影响深远。

并非所有的现代主义者在架高街道高度和建造高耸的建筑物方面都持有与柯布西耶相同的观点。路德维西·希尔贝尔赛墨和密斯·凡·德·罗则更倾向于从美国郊区的低密度居住风格中得到灵感。路德维西·希尔贝尔赛墨和密斯·凡·德·罗"构思了一个结合社区、工业和农业的新居住模式,这一模式建立在标准化与功能性分级的理想之上,这些居住单元按照各自的功能分隔城市的各要素"。他们提倡的居住模式里面,除了功能分区以外,还提出居住单元的"尽端式"道路的概念。

6. 现代主义城市规划实践法则

勒·柯布西耶和包豪斯的理念在现代主义运动中大显身手。住房短缺状况和引发大量建房计划的第二次世界大战后的重建需求为他们实现理想创造了机遇。"田园城市在两次世界大战期间成为主流,但是随着建筑现代主义在城市地区的涌现,二战后,田园城市的影响在很大程度上只局限于新城镇了。然而具体情况更加复杂,在设计开发战后社会住宅的过程中,实践者们大量运用了田园城市和现代主义传统的经验。就外在形式而言,这两种形式似乎截然相反,但就基本原理而言,它们实际上有很多相似之处,两种思想在邻里社区单元都促进了开放空间的优势,并试图通过重新组织构架住宅区来承纳汽车。对于许多人而言,勒·柯布西耶的理念实际上是将田园城市理想应用到高密度的城市居住空间"(路德林和福克,1996 年)。

负责将这些理念结合起来,并将其运用到城市规划中的一个最重要的组织是国际现代建筑协会(CIAM)。"CIAM 通过 1933 年的《雅典宪章》,创建了其他一些现代规划的主要基础来和霍华德的《明日,一条通向真正改革的和平之路》抗衡。《雅典宪章》将勒·柯布西耶的理念进一步发展为一套实践法则,这套法则适用于现代城市人口过密和拥堵的问题。这些原则后来成为基本原则,而这正是现代规划的基础。"

现代主义城市规划包含以下一些主要内容:

(1) 全面改造重建

CIAM 主张"迅速消灭穷困住宅的地区,并在原址建以能够照射到阳光、有开放空间环绕的现代街区",尽管他们反对人口过度拥挤,但他们同时视低密度为一种不经济的行为。因此,遵循勒·柯布西耶的路线而倡导高层住宅街区,将这些高层住宅街区建造在没有传统街道的环境中。按照这种原理改造的英国、美国的贫民窟,和德国被战争损害的城市形成了极大的反差。"德国城市的改造重建是通过在传统街道上建造 4~5 层的建筑实现的。"由于保留了原来的城市肌理,"这种做法要比使交通和行人分离强得多,德国和许多其他欧洲城市地区因而保留了其城市地区的活力,而新开发的现代主义住宅区则被限制在城市的外围地区。"与此相反的是，遵循 CIAM 理论，雅马萨奇设计的美国圣路易斯城黑人居住的高层公寓，1972 年 7 月 15 日被有计划地炸毁。那些公寓楼是因为常出现暴力事件，作为不安全的房屋而被清除的，而这一事件被詹克斯认为标志着现代主义建筑的死亡。虽然，表面看公寓楼炸毁主要是治安问题引起的，但更深层次原因是将贫民窟推倒重来的"城市更新"模式，只是将矛盾转移，并未在本质上改善贫民窟居民的居住环境，而其衍生的一些问题，如内城衰退、种族隔离的加剧等，甚至会引发更尖锐的社会矛盾。

(2) 邻里社区单位理论

1929 年，美国建筑师 C·A·佩里提出了邻里单位理论(图 1-2)，他认为城市交通对居住环境带来严重干扰，控制住区内的交通以保障居民安全和环境的安宁是邻里单位的理论基础和出发点。因此，他认为在区内应有足够的生活服务设施以利于居民共同生活和社会交往，密切邻里关系。由此形成了一种以"邻里为单位"的小区规划思潮。在 1920 年为纽约所做规划中，他主张建立以一个小学区为基础的 5000 人的邻里社区，这个小学与许多条可以将孩子们运送到每一个邻里社区边的大路相连接。由于此前城市的布局结构从属于道路，那时汽车业不发达，原来的住宅之间的交通系统不会发生问题，但后来车辆增多，不仅安全成了问题，而且，交通网络太多也在很大程度上增加了车辆的流通能力，所以，这种"以邻里为单位"的小区规划思潮开始被现代大城市广泛接受。

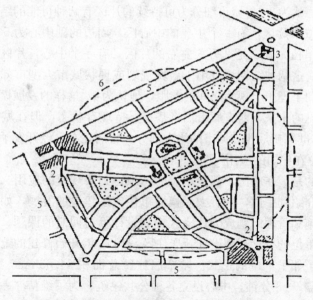

图 1-2　邻里单位模型示意图(俞万源，2000 年)
1—邻里中心；2—商业和公寓；3—商店或教堂；
4—绿地(占 1/10 的用地)；5—大街；6—半径 1/2 英里(约 800m)

佩里将邻里单位作为构成居住区乃至整个城市的细胞。这种邻里单位以一个不被城市道路分割的小的服务范围作为基本空间尺度，讲求空间宜人景观的营建，强调内聚的居住情感，强调作为居住社区的整体文化认同和归属感。但 CIAM 将邻里社区单

第一章 绪　论

位发展成了超大街区的理念，每一个街区都有一系列地方设施——学校、商店、医院以及一块用于开放空间的地块，这些街区只接纳街区的居民。邻里单位理论及佩里制定的邻里单位的六条基本原则对居住区规划产生了深远的影响，并在"二战"后得到广泛的实施应用。

邻里单位遭受了很多非议，主要认为"其在很多方面有不足之处。首先，其设想过于简化，不能代表真实世界中社会关系的复杂多样；同时还认为邻里单位导致一种分散的城市形态，从而难以形成高效的公共交通。后者主要针对邻里之间大块的自然景观分隔带，而并非邻里概念本身。至于第一项批评意见，实际上我们不应当把邻里单位设想为取代社区发展自然过程的手段，而应该是构筑城市物质形态的一种方法"（芒福德，1996年）。

对邻里单位的批评主要源于被社区的概念所覆盖和曲解的那部分含义，而当邻里概念作为一种物质构成手段时，就会成为人口规模和服务设施最有效的一种管理工具。这里可以理解为，邻里单位所确定的人口规模和服务设施的范围，比其他理论确定的范围更合理。但邻里的术语可以用来描述不同规模的空间：1) 有500～600位居民的几条街道；2) 人口为4000～5000人，拥有一所小学的区域；3) 人口为20000～100000人，有一定政治功能的行政区或片区。例如，亚历山大提倡组织小型的邻里单位，一方面需要划定邻里单位空间单位之间界限，另一方面也认为这种界限应该是"柔性的"而不是"刚性的"，要保持边界的模糊性并提供邻里相互的联系（亚历山大等，1977年）。

最终，芒福德认为："将城市细分为可持续的片区有两种可能的结构形式。其一是2万～10万人的城市片区，有一个主要的中心区，周边的副中心为5000～10000人的组织完善的邻里单位。其二是2万人左右的片区，有一个中心，片区再细分为500人的小型邻里单位。这两种结构均可用于新城规划或现状城市大型市郊拓展部的规划。"但芒福德也认识到了理想与现实之间的差距，他认为："这样的发展模式未必是未来的发展模式，在可见的未来，西方城市仍将基本保持现有状态，但在城市的边缘区会有一些变化，在21世纪初，西方城市的绝大部分人将居住在已经开发了的市郊。"

(3) 邻里单位在中国的应用

与西方不同的是，在中国，邻里单位的思想得到大规模的应用。邻里概念早在新中国建立前就被介绍到中国，随着大规模城市住宅区建设的发展，如何组织居住区居民的生活配套设施和管理问题成为住宅区规划设计不可回避的课题。一些规划设计开始尝试引入邻里单位的概念规划设计新居住区。1951年开始修建的上海曹阳新村在某种程度上就采取了邻里单位的形式。整个居住区总面积94.63hm^2，从中心到边缘约0.6km，步行只需7～8分钟，中心设立各种公共建筑。为了维持"一定规模的公共建筑和居民经济情况"，新村人口比一般邻里单位多（汪定曾，1956年）。曹阳新村的设计在居住区内部组织及与自然环境的结合上是成功的。但是，在前苏联的居住区规划思想引入后，由于意识形态的原因，曹阳新村被作为资本主义城市规划思想的体现受到了批判（吕俊华，彼得·罗，张杰，2003年）。从20世纪60年代开始，居住区采用住宅—组团—小区的三级结构，其基本单位的规模为2000人，这是按照使用同一公共食堂的合适人数决定的。"文革"结束后，公建服务设施十分匮乏。针对这一问题，经过广泛的调查与研究，1980年颁布的《城市规划定额标准暂行规定》规定了居住区级与居住小区级的公建标准，包括公共建筑的一般规律和千人指标，为居住区规划的合理配套提供了依据(吕俊华，彼得·罗，张杰，2003年)。而"文革"后面临的大规模住宅建设、如何改变居住区面貌及对规划设计多样化的强调促成了城市小区试点项目的推行，如无锡沁园新村、常州红梅西村、北京方庄新区、深圳白沙岭高层住宅区等，这些居住区都是以多层、高层为主，居住密度远远超过邻里单元的概念，成功体现了邻里概念等西方城市规划理论必须与中国国情有机结合才能获得成功的真理。

(4) 交通的自由流动

位于传统城市地区中心的街道扮演了交通中枢以及周边社区中心的双重角色，结果是街道两边布满了商店和服务场所。但对于现代主义城市规划而言，这种被刘易斯·芒福德称为"固态混乱"的状态是低效的，它堵住了城市商业的生命之源，破坏了城市社区的生活品质。规划师和道路工程师从勒·柯布西耶和赖特的高速公路以及帕克的林荫公路中得到灵感，试图改革城市道路系统。为避免临街开发，高架路和道路系统分隔开来，同时还将广泛地设置交会点来减少拥堵。"到了20世纪60年代，着重点已经从汽车潜能的开发转移到如何应付交通拥堵的挑战。"这已成为"我们今天仍要面对的地狱"——"汽车数量潜在的增长是如此巨大，以至于如果不采取措施，那么在相当短的时间内情况就会变得非常严重。"道路及交会点与人行道分离的等级高速公路网及地铁得到了推广应用，然而在接受这些理念的同时，其破坏性也开始显现出来。资源遭到了极大的浪费，社区被分割成零碎几块，彼此孤立，环路充当了城墙的现代等价物，将市中心和后方地区隔断。

(5) 开放空间的片面理解

路德林和福克认为，现代主义规划者对开放空间的理解过于简单化，缺乏实际功能。现代主义往往忽略不同使用者对于开放空间需求的多样化要求，造成空间的乏味和单一。

(6) 过度拥挤的根源

城市人口的疏散一直为大多数现代主义规划师所支持，这其中一部分是由于人们认为城市过分拥挤，但实际上人们并没有真正理解过分拥挤的含义，或者说对"过分拥挤"的评估、度量标准以及据此而采用的方法存在着问题。"过度拥挤问题和糟糕的健康状况、贫穷和犯罪密切相连，是贫民窟消除计划的主要目标之一。然而过度拥挤问题(每个房间的人数)一直和密度问题(每英亩土地住宅或人口的数量)相混淆。高密度地区不一定就是人口过度拥挤。相反，如果住宅住的人过多，人口过密成为问题的地方却是低密度地区的情况也是有可能的。"空想家们认为，降低密度是解决过度拥挤问题的良方，但实际上研究表明，社会的瓦解是住区人口规模化的结果，而不是密度问题，仅扩大圈地的范围并不能改善局势，然而如果将群体限定到更小的范围中，即便密度没有降低，问题还是能够避免的。

7. 结论

现代主义"乌托邦"理论追求一种美好的社会理想——为每个人都创造良好的居住环境，今天仍然是城市住区规划设计的追求目标，现代主义的一些基本理论与方法，如邻里单位、功能分区、建筑间距、绿地率等，仍然是指导城市住区规划设计的基本原则。但随着社会经济的发展，现代主义理论逐渐教条化，其弊端也逐渐显露出来。现代主义城市规划的理论模型过于简化，没有充分考虑到城市的复杂性以及居民的多元化需求，而按照这种理论实施的结果，往往与预期目标不符甚至背道而驰。"20世纪早期，乌托邦主义者所设定的大环境在很大程度上是反城市的，这一点在规划师的态度中有所反映。这并不是说他们要消灭城市，实际上他们在努力使城市更加有效、公平和健康地发展，简而言之就是他们要驯化并控制城市。他们无疑是将自己视为城市的救星，但实际上却以破坏了其试图保护的东西而告终"（路德林和福克，1996年）。现代主义理论指导下的西方城市规划建设并不成功：推倒重建的城市更新模式破坏了城市的活力，造成了内城的衰退；墨守现代建筑教义而建造的空间（环境）并不令人愉悦；郊区化运动造成城市蔓延、交通拥堵、生态环境危机等。面对以上种种问题，脱离"世界大同"的乌托邦理论而直面地域性、城市的复杂性、人类需求的多样性、能源环境危机等，成为20世纪下半叶建筑与城市规划的重要潮流，由此也对居住区规划理论产生了深刻的影响。

二、其他一些重要的居住区规划理论

1. 功能分区

《雅典宪章》中最为突出的内容就是提出了城市的功能分区，而且对以后的城市规划发展的影响也最为深远。它认为，城市活动可以按居住、工作、游憩和交通四大类提出城市规划研究和分析的"最基本分类"，并提出"城市规划的四个主要功能要求各自都有其最适宜发展的条件，以便给生活、工作、文化分类和秩序化"。功能分区在当时有着重要的现实意义和历史意义，它主要针对当时大多数城市无计划、无秩序发展过程中出现的问题，尤其是工业和居住混杂导致的严重的卫生问题、交通问题和居住环境问题等，而功能分区方法的使用确实可以起到缓解和改善这些问题的作用。另一方面，从城市规划学科的发展过程来看，《雅典宪章》所提出的功能分区也是一种革命。它依据城市活动对城市土地使用进行划分，对传统的城市规划思想和方法进行了重大的改革，突破了过去城市规划追求图面效果和空间气氛的局限，引导了城市规划向科学的方向发展。

2. "居者有其屋"的廉租宜居住宅运动

第一次世界大战后，为解决战火破坏造成的住宅严重不足，特别是城市工人的住宅更为困难的问题，必须迅速而大量地提供低收入者有能力租住的住宅。一些社会主义国家或是议会保持强势的国家，寻找方法建造供工人使用的低房租住宅，基本上都是通过政府投入资金进行建设，其目标是要任何人都可以达到平均的生活水平，要实现可以维持基本人权的优质居住环境。其中一环，就是尽可能提供宽敞户型的居住空间的同时，又将造价控制在有限的预算范围内。"最小限度住宅"作为性价比最佳的方案，通过1929年在法兰克福召开的CIAM第二次会议的讨论，决定用功能主义的方法解决这一问题：抽出、整理生活中最小限度的必要因素，去除浪费而又维持人的基本生活，计算出恰当的住户规模。为解决住房紧张的难题，要大量建造低租金住宅，同时在日照、通风、使用方便（功能性）等方面确保高质量。居住面积在可能的限度内缩小以降低房租，推进住宅建设合理化及计划性，以此来提高住宅"居住"性。

3. 行列式住宅

(1) 基本概念

格罗皮乌斯致力于住宅标准化以降低成本，满足高效的研究。他认为："最低限度住宅问题，是建立人所需要的最基本的最低限度的空间、光线和热力的问题，以便于让人在不感到住房受限的情况下，充分开发他的生活功能，即以一个最低限度的权宜之计代替一个不死不活的状态。"格罗皮乌斯指出，在总体布局上，为了保证阳光照明和通风，应摒弃传统的周边式布局，提倡行列式布局，并提出，在一定的建筑密度要求下，按房屋高度来决定它们之间的合理间距，以保证有充分的日照和房屋之间的绿化空间。这些观点在格罗皮乌斯1929~1930年和H·夏隆等人共同设计的德国西门子城住宅区及在20世纪40年代初和M·L·布劳耶合作设计的美国匹兹堡的铝城住宅区中都得到了充分体现。

(2) 行列式布局在中国的应用

行列式布局一般由平行的南北朝向的低层住宅组成，是最为简单易行的形式。在中国绝大部分地区的气候条件下，南北朝向布局的优势在于：可以在冬季充分利用日照，在夏季躲避下午强烈的阳光，同时有利于良好的通风。因此，几千年来传统的城市住宅都以南北朝向为主。在20世纪50年代刚引入行列式住宅的时候，由于新住宅大多数没有供暖设施，所以布局形式对于居民的基本生活具有重要的作用。在住宅投资不足的条件下，利用最基本的自然条件提高生活环境质量是最简单有效的方法。因此，行列式住宅在这个时期被大量地采用。平行排列的南北朝向住宅有施工方便、用地节约、管线造价低的好处，因此在中国城市住宅区中得到大量的应用。由于存在空间单调的缺点，在改革开放以后，居住区规划中都力图采用各种方法打破这种单调的局面。

与行列式住宅对应的是周边式住宅，这种居住区形式的出现主要受前苏联影响。这种来自欧洲的城市居住区形式在布局上一般都有强烈的轴线，建筑沿街道走向布置，住宅既有南北朝向，也有东西朝向，服务性公共建筑布置在居住区中心，表现出强烈的形式主义倾向与秩序感。但是，这种居住区内有较多东西朝向的住宅，日照、通风等存在问题，与中国的地理、气候、环境、人民生活习惯之间存在矛盾。周边式住宅的沿街布置也会给居民生活带来噪声干扰。在住宅投资有限的条件下，自然的朝向与通风的利用是非常重要的。周边式的居住区规划设计形式以此为代价，追求形式的完整。

行列式与周边式各有利弊，在现代住宅区规划设计中，往往以行列式为主，而沿街则主要采用底层商铺的模式，这样就吸收了周边式住宅的一些特点，有利于保障街道的完整性和多样性。

4. 小区规划理论

小区规划理论从英国的新村理论和前苏联的小区理论基础上发展而来，吸收了邻里单位的基本原则和优点，以城市道路所包围的居住地段为小区。小区的特点是：结合地形，自由布置；住宅成组成团；公共建筑分级布置，小区内部配置学校、商业中心、文化福利中心；小区内不得引入城市交通，道路人车分流，互不干扰；绿地点、线、面相结合，相互沟通。

5. 简·雅各布斯与"城市活力"（居住环境多元化）的提倡

简·雅各布斯的理论常常被用来和霍华德的"田园城市"作比较，因为他们两个人为人们描绘了两个完全不同的理想城市图景。霍华德的理想是郊区化，他给人们描绘的理想城市是那种远离都市尘嚣的绿树成荫、井井有条的田园城市。而简·雅各布斯则恰恰相反，她试图透过都市街道混乱的表现，揭示一个健康社区的活力根源。

与霍华德同一个时代的勒·柯布西耶、赖特，他们的理论带有浓厚的乌托邦色彩，幻想为所有人都一样的"统一的社会"创造理想的居住环境，主要通过物质空间形态的手段，把城市（无论是勒·柯布西耶的旧城改造，还是赖特的新区开发）建设成"赏心悦目"的、高效率的花园城市。而雅各布斯认识到，城市的活力或许比表面上的"赏心悦目"的花园更加重要，她认为一个"多元的社会"才是真正健康的社会。

简·雅各布斯的理论来自于她对自身居住环境的体验。作为"一个当之无愧的城市主义者，她既反对芒福德和霍华德等人的城市分散的观点，如对霍华德的田园城市论的'摧枯拉朽'式的抨击，也反对集中论里面那种主张进行'城市手术'，对城市进行一次彻底的清洗的代表人物，如勒·柯布西耶。她批评这些人所提出的城市改造方案实际上映射了一种自我中心的权威心态。在她看来，纽约城所散发出来的生命力与丰富性是最为珍贵的东西，因此她主张提高城市密度，并且深信正是密度造就了城市的多样性，也正是这种多样性创造了像纽约那样多姿多彩的城市生活。"她的这些看法在当时的确产生了一定的效应。在20世纪60年代的城市更新浪潮过去之后，"恢复旧城原貌"及"保留已有社区"开始成为城市规划的时尚。在雅各布斯的研究中存在着一个根本性的矛盾——"她拒绝承认一些重要的问题，如城市的衰微以及城市扩张的主流趋势等需要从宏观上加以解决。不管我们怎样保护社区环境并促进多样化的发展，都无法阻止城市的分散化趋势"（迈克尔·布雷赫尼，1996年）。

6. 新城市主义

（1）新城市主义理论

"新城市主义"是一种再造城市社区活力的设计理论和社会思潮，于20世纪80年代末期在美国兴起。它是对被忽视了近半个世纪的美国社区传统的复兴，又被称为"新传统主义"。新城市主义将寻求解决当代城市问题的目光投向了传统城市空间中具有"生命力"的因素，为拓展郊区提供了为数不多的可选方案——新传统社区。新传统主义设计师们带着怀疑的眼光回顾美国的小城镇，期望从一个常规城郊开发区的备选方案中找到仍然在继续的传统，这些规划意在重现传统的步行模式和复合性用途的社区，并提议回归昂温和帕克的某些田园城市理念。新城市主义提倡传统的邻里社区，设计传统高密度的、小尺度和亲近行人的建筑空间，其主要针对美国近几十年来由于郊区化蔓延带来的一系列致命的弊端：首先，过长的通勤距离耗费了人们大量的时间和精力，严重影响了人们预期要达到的生活质量；其次，对小汽车的严重依赖使许多不能开车的人（如老人和小孩）寸步难行，同时加重了家庭的经济负担；再次，郊区化的无序蔓延已造成郊区的空气污染、环境恶化和富有地方特色的乡村景观的消失。

更为严重的是，这种郊区化模式是以严格功能分区的现代主义原则为基础的，破坏了传统社区内部的有机联系，进一步加剧了社会阶层的分化与隔离；对公共空间的忽视减少了人们相互交往的机会，加深了人们的孤独感，缺乏具有识别特征的空间的明确界定；无所不达的电信网络虽然为人们之间的联系提供了方便，却无法慰藉人们孤独的心灵，也无法满足人们希望把握清晰确定的物质居住环境的需要。

由此人们深深地感到，二战后占主流地位的郊区化模式必须进行改革，只有寻求新的社区模式，才能满足可持续的人居环境的要求。在此背景下，"新城市主义"作为与郊区化相对应的居住社区理论应运而生。

"新城市主义"倡导许多独特的设计理念，其中最突出的则反映在对社区的组织和建构上。邻里、分区和走廊成为"新城市主义"社区的基本组织元素。他们所构筑的未来社区的理想模式是：紧凑的、功能混合的、适宜步行的邻里；位置和特征适宜的分区；能将自然环境与人造社区结合成一个可持续的整体的功能化和艺术化的走廊。

"新城市主义"自20世纪80年代末期在美国兴起后，近十余年来进行了大量的实践，其中较有影响的作品包括：位于佛罗里达州Panhandel的Seaside旅游小镇；洛杉矶内城的复兴规划；被誉为"进步的建筑"的亚利桑那州机动家庭村庄；得克萨斯州国家级的最大的城市更新住宅项目的重建。

"新城市主义"的拥护者认为，标准的郊区居住街道因其非连续的格局而限制了通行容量。通过消除尽端路并把大多数街道设计成相互连接的街道的方法，新城市主义设计为通行提供了多重线路选择方案，因此在概念上，整体路网容量提高了，交通得到疏解，拥堵大大减少。但另一方面，这种街道格局比老一套的郊区（格栅式布局）格局具有更多的线状街道、更多的街段和更多的交叉路口以及更多的进入点，使它们的建造维护开支更多。例如美国弗吉尼亚州的贝尔蒙特与在同一地点规划的一个典型开发区的比较。整体上，新城市主义开发区比典型郊区多出50%的街道长度，它拥有几乎多出50%以上的巷道长度，多出近1/3街道交叉路口，由此多出73%的面积，这些多出的面积和巨大的街道长度导致了较高的基建开支，而这些最终都分摊到房屋购买人头上了。另外，相对于尽端式道路，新城市主义的街道系统虽有减轻主干道交通负荷的潜力，但它却增加了居住区街道的交通量，汽车易于进入小型居住街道的比例增加，而交通流量的增加使得穿过居住街道的行车速度过高，这些都可能成为阻碍增进社区的步行行为与社区交往的因素。迈克尔·索斯沃斯与伊万·本—约瑟夫认为："各地区圈定的适宜步行的新生体，不论多么令人愉快，也可能无法减少对汽车的依赖性或者解决地区交通与环境问题。为了减少对汽车的依赖，在提高当地适宜性的同时，着手对土地利用模式和交通进行管理是十分必要的。"

（2）新城市主义与中国国情的结合

从霍华德到赖特到新城市主义，郊区化住宅理论在北美逐渐发展成熟，并成为20世纪最成功的住宅开发模式，但新城市主义是针对北美城市蔓延（Urban Sprawl）的城市设计运动，其针对对象是美国的中产阶级，连美国人也指责其造价昂贵，其建设成本远非大多数中国人所能承受的，特别是考虑到中国"高居住密度的必要性"。在中国

第一章 绪 论

城市，为节约用地，采用了提高居住容积率的办法。目前，城市多层住宅区的容积率为 1.5~1.8，而城市中心区采用更高的标准，迫使房地产开发商只有建高层住宅，而这些指标远远超过了田园城市和新城市主义的要求。因此，田园城市以及新城市主义的很多具体的设计原则和做法，对中国而言并没有多少实际意义。我们需要借鉴的是，其以人为本的思想，更重要的是如何在高居住密度的限制下通过规划设计实现以下目标：紧凑的、功能混合的、适宜步行的邻里；位置和特征适宜的分区；能将自然环境与人造社区结合成一个可持续的整体的功能化和艺术化的走廊。

费希曼(1977年)在对勒·柯布西耶、霍华德及赖特的思想进行简要的评述后指出，可以将这三个人的活动联系在一起的一个事实是，到 20 世纪 70 年代，城市规划专家们已经对能否找到一种解决城市问题的方案失去了信心，他们开始沦为实用主义，或者说他们实际上认识到了世界上根本不存在所谓的"宏大构想"。费希曼的这段结语充满了智慧，他预料到，能源危机和失去控制的城市扩张到最后只会导致一个严格的、宏大的城市规划方案的出台，而雅各布斯以及其他人提出的"反规划"策略也不可能奏效。人们对城市系统的复杂性、不完整性、开放性的认识，对节约能源和环境保护的日益关注，给 20 世纪下半叶可持续发展思想和理论在城市规划和居住区规划的应用登上历史舞台提供了一个机会。

三、可持续居住区的理论

1. 可持续居住区的提出

从历史上看，对居住环境的关注与人类对控制城市瘟疫流行的努力密切相关，最早对城市公共卫生予以关注的国家是英国。19 世纪，伴随着工业化的迅速推进，严重的健康问题便接踵而至。烟雾、有毒气体、污水及城市人口的高密度聚集使疾病传染风险加大，加之其他卫生状况的恶化，英国城市居民的健康水平不断下降，城市的发展要求社会关注城市人居环境与居民健康的关系。在英国，最早出现的城市公共卫生立法是 1832 年的《改革议案》，卡迪威克时任"贫穷法委员会"的检查员，他开始向英国的公众呼吁关注城市供水、排水、简陋的住房条件等问题，并将城市卫生与流行性传染病特别是霍乱联系在一起。在此之后，有 1847 年的《城镇改善法》，1848 年的《公共卫生法》以及同时成立的卫生部所相继颁布的一系列卫生法规，如 1855 年的《消除污害法》和 1866 年的《环境卫生法》等。

19 世纪 40 年代，约翰·斯诺博士首次采用科学方法证明，在伦敦爆发的霍乱疫情起因于严重污染的饮用水。为此，英国政府成立了"城市卫生委员会"，调查居住在贫民区的穷人的健康状况。委员会和斯诺的工作推动了公共卫生标准的形成，如住房标准、下水道系统、饮用水安全标准及卫生管理条例的出台，世界上第一部公共卫生政策也因此面世。人居环境和健康城市的发展由此进入公众的视野。

自 20 世纪 50 年代以来，人类所面临的人口猛增、粮食短缺、能源紧张、资源破坏和环境污染等问题日益恶化，导致"生态危机"逐步加剧，经济增长速度下降，局部地区社会动荡。特别是发展中国家，正面临着高速城市化、住房不足、基础设施和服务设施严重落后等诸多问题。从对生态环境开始关注的 20 世纪 60 年代至今，如何谋求人类城市建设与自然环境和谐发展、缓和人与自然的矛盾，逐渐成为世界各个国家和人民共同关注的话题。20世纪70年代，日本率先制定了改善居住环境的方针政策，提出了居住环境设计的基本要求：舒适、优美、安全、卫生、方便。80年代，英国在新城市和居住区建设中提出"生活要接近自然环境"的设计原则，得到社会广泛认可。1981年，国际建筑师协会《华沙宣言》提出人—建筑—环境三位一体、相互关联的口号，从而使社会学、环境学、生态学、建筑学、工程学、园林学等互相渗透，形成多学科的综合研究，推动居住区环境设计的进步与发展。1987年，前苏联城市生态学家O·扬提斯基提出生态城的模式，旨在建设一种理想的居住环境。生态城的"生态"包括人和自然环境以及人和社会环境的协调关系。回归自然、亲近自然是人的本性，也是全球发展的基本战略。引入自然界的山、水、绿化，模拟自然风光，也是居住景观环境的基本要求。具有生态性的居住景观设计能够使居民得到美好的情趣和情感的寄托，人与自然共生共栖，才能体验到永恒的真理，"天人合一"的哲学思想是美的最高境界。

目前普遍认可的居住区建设指导原则之一的可持续发展，则是由联合国召开的三次里程碑式的会议，即1972年在瑞典斯德哥尔摩举行的"联合国人类环境会议"、1992年在巴西召开的"联合国环境与发展会议"、2002年在南非召开的"可持续发展世界首脑会议"确立了其历史地位。欧美发达国家从20世纪80年代正式提出可持续发展概念以来，经过十余年在理论上的准备阶段，于90年代，在城市规划、社区建设等方面已将可持续发展的理论与思想进行全面的实践，而在一些发展中国家，如中国、巴西等国，也通过生态城市建设以及生态社区建设等方式进行理论与实践上的摸索，例如巴西的库里蒂巴市。

可持续发展（Sustainable Development）的概念最先是1972年在瑞典斯德哥尔摩举行的联合国人类环境研讨会上正式讨论的。这次研讨会云集了全球的工业化和发展中国家的代表，共同界定人类在缔造一个健康和富有生机的环境上所享有的权利。自此以后，各国致力于界定"可持续发展"的含义，已拟出的定义有几百个之多，涵盖范围包括国际、区域、地方及特定界别的层面，是科学发展观的基本要求之一。"可持续发展"亦称"持续发展"。1987年，挪威首相布伦特兰夫人在她任主席的联合国世界环境与发展委员会的报告《我们共同的未来》中，把可持续发展定义为"既满足当代人的需要，又不对后代人满足其需要的能力构成危害的发展"，这一定义得到广泛的接受，并在1992年召开的"联合国环境与发展会议"上取得共识。我国学者对这一定义作了如下补充：可持续发展是"不断提高人群生活质量和环境承载能力的、满足当代人需求又不损害子孙后代满足其需求能力的、满足一个地区或一个国家需求又未损害别的地区或国家人群满足其需求能力的发展"。

可持续发展理论作为人类21世纪全面发展的战略和指导原则，具有两个明显的特征：①发展的可持续性，即发展是现代人或社会和未来人或社会需要的持续满足，达到现代人与未来人的利益统一；②发展的协调性，即必须限定在资源与环境的承载能力之内追求经济、社会、资源、环境的协调发展。在城市规划中，可持续发展战略理论主要体现为经济的可持续发展，创造良好的人居环境，实现城市的可持续更新。

第一章 绪　论

近年来，国际上普遍认为，可持续居住区的生态环境设计应该主要贯彻以下几项任务：

（1）综合自然、人工、社会、经济等因素，确定所设计环境的使用性质、人口密度、建筑密度或建筑容积率。

（2）考虑不同功能的用地分配和互动关系，确定交通系统、信息传递和公共设施的布局。

（3）充分利用当地环境范围内的地形、地貌等自然因素，合理组织空间，考虑景观，突出主要的自然特征，结合建筑造型，塑造人工环境，使自然环境和人工环境协调一致。

（4）确定环境小气候、声环境、空气环境方面的定量数值。

（5）尊重民族和地方特色，力求形成具有历史连续性的环境气氛。

国际建协在1993年的《芝加哥宣言》中指出："我们今天的社会正在严重地破坏环境，这样是不能持久的，因此要改变思想，以探求自然生态作为设计的重要依据。"人居环境设计应尊重自然环境因素，考虑人与自然交流的需求，将人类生存居住的建筑空间同自然环境有机地结合起来。英国在近年来的城市和居住区建设中提出了"生活要接近自然环境"的设计原则，因而结合自然的设计成为了住区环境设计的重要方向。

进入21世纪以来，在可持续发展思想的指导下，围绕全球变暖、臭氧层衰竭以及水和空气质量的争论，还有湿地、居住地以及原始森林保护的思考，对大城市居民数量增长的控制等被看作是新千年设计师和规划师的主要职责，全球资源的保护和管理已成为影响我们决策进程的前提条件。

目前，要实现住区的可持续发展，就是要关注人类住房与居住环境问题，突出政府的推动、导向作用，把住宅开发与居住环境建立在可持续发展的基础上。从现代生态学的观点来看，可持续住区的规划建设应当以最小的生态冲突和最佳的资源采用，来达到人与自然的和谐与动态平衡。简单地说，就是应当充分高效地利用现状的地形、水系以及植被条件等一切资源，减少建设和居住活动对自然环境的人为破坏，创建与自然环境有机融合的人工居住环境。

2. 可持续居住区理论

可持续居住区(Sustainable Community)，在国外也常被称为生态居住区(Ecological Residential Community)、绿色社区(Green Community)或健康社区(Healthy Community)。关于可持续居住区理论，不同学者的解释有着不同的侧重点。

大卫·路德林和尼古拉斯·福克的《营造21世纪家园——可持续的城市邻里社区》是西方近年来一本比较系统地总结20世纪居住区面临的问题以及探索21世纪居住区发展模式和住宅建造方式的著作。这本书讨论的主要对象是英国城市住宅以及住宅区的问题，而那里的住宅主要是联排住宅或半独立式别墅，与目前在中国住宅区占据主体的多层住宅有很大差别，而在建筑密度上也不可同日而语，但由于他们谈到的很多居住区的具体问题也是中国城市正在面临或即将面临的，因此具有一定的代表性。针对中、英两国城市居住区的发展进行比较分析，应该有助于更深入地认识这一问题：尤其是中国有庞大的13亿人口作为基数，人口的增长以及需求的变化对住宅需求的增长更达到令人瞠目结舌的程度，形势也远比英国要严峻得多。

就其题目而言，"Sustainable"是指能够维持邻里社区和更广泛的城市体系并将其对环境的影响最小化的能力。"Urban"的含义同时包括一个地区的地理位置和其自然特性，而"Neighbourhood"则涉及该地区的社会和经济的可持续性，具体指的是将该地区和周边地区的关系结合起来的社区纽带。简而言之，"目的就是创建更持久、更能保持活力的城市地区"。而可持续城市邻里社区的实现依赖于"在设计城市地区时尽量将其对未来环境的影响最小化，同时还使其从经济角度和社会角度看在将来能够得以维持，但是在将来，城市地区将不再需要公共投资以及大规模的改造重建，这和许多建于20世纪的城市地区是有所不同的。"

对于某些人而言，可持续性指的是自给自足。一些独立住宅和小型住宅群，已完全实现了自给自足。"这些住宅和住宅群能够自行生产它们所需要的能源，能够对垃圾进行再循环，收集水并进行水处理。实现这种自给自足的关键是将住宅的能源需求减少到能够通过诸如太阳和雨水以及建筑产生的垃圾等自然来源来提供的程度。"（大卫·路德林、尼古拉斯·福克，1999年）但这种对建造自给自足的村落的尝试通常发生在偏远的乡村地区，而且规模都很小，人口很少超过500人。路德林和福克认为"大多数人口都不应该或者能够以这种方式生活"，被应用于城市背景中的生态村的实例非常少。"自主住宅、乡村甚至城市街区的开发是一项虽然复杂但却有可能实现的任务，这种复杂性与为实现整个邻里社区甚至整个城市的可持续性而引发的问题相比算不了什么。"可持续城市"并不单纯局限于单个的邻里社区甚至所有的城市，它们实际上是在一个区域的、国家的以及日益全球化的层面上运作的"。关键问题在于，为了降低城市地区对更广泛体系的不可持续性的作用，必须考虑输入到城市及邻里社区中的资源和输出的废物之间的平衡。路德林和福克认为，适用于大量住宅或者邻里社区的所有可持续发展的四条基本原则为：

1）减少输入；
2）当地资源；
3）垃圾最小化；
4）使用城市经济。

在这四条原则的指导下，他们认为，必须创造出一种生态村的城市对等物。但是，目前要实现这一目标还存在很多障碍："和过去一样，我们要么集中于建筑单体的设计，要么集中于国家和国际政策所覆盖的广阔范围，因而错过了许多关键的环境可持续性问题。后者和实际需要采取的行动相差太远，而前者则完全成了一个技术挑战——设计出越来越和大部分开发商的标准产品或现有建筑的状况相背离的超绿色建筑。"相比较而言，"邻里社区是一个可以运作的合适标准，它足以解决更多的环境问题，而对人们的生活的影响却非常小，同时还能将人们的注意力集中到落实的政策上。"

路德林和福克认为，可持续城市模式的解决办法就是"公交网点周围的高密度的适合步行的住宅区"，但是关于如何实现这种住宅区却存在两种截然不同的学派思想。"第一种是坚持在普通的分散模式范畴内以相对稠密的节点来开发的田园城市传统。这

第一章 绪　论

种思想是英国城市规划协会的立场，也是城市村落概念以及美国步行区域行动（American Pedestrian Pocket Movement）的雏形。第二种学派思想赞成通过高密度地开发褐色土地实现现有城市人口的重新入住（或者按照标准使其紧凑化）。这就是近期城市村落论坛（Urban Villages Forum）的立场，同时也是英国政府和欧盟的方针。尽管这两种学派之间争论激烈，但他们都承认确实存在使城市地区更具有可持续性的需求。因此，他们都需要能够对环境问题作出反应，并能容纳更高密度的城市发展的新模式，都需要生态环境或可持续城市邻里社区的一种新视觉"。

为此，路德林和福克总结回顾了聚合在一起能有效降低可持续邻里社区的环境影响的因素：

1）适合步行的城市

在一个可持续城市邻里社区中，步行和骑自行车应当是当地最为便捷的出行方式。这赋予了设计许多内涵。

2）渗透性

对于步行者而言可以渗透的邻里社区，人们能够通过选择路线轻松穿过一个地区。在可渗透地区，邻里社区特别强调了出入口，每一个地方都通过诸如购物中心之类的网点。在可渗透地区，优先考虑步行者的穿越性，这有别于一般的道路系统。

3）个人安全

很多居住区的封闭导致其人行道也开始荒废，并且全无来自周边地区建筑的监督。很多时候，人们宁愿选择在繁忙的交通路线上的狭窄人行道上冒险，也不愿选择尽管能够安全远离汽车但却有可能碰到行凶抢劫的危险的荒凉的人行道路。鼓励步行的可渗透地区，人行道上人群聚集，生机勃勃，因此也更为安全。

4）可识别性

借鉴传统城市邻里社区的优点，设计容易使人弄明白邻里社区的结构。

5）抑制汽车

对许多人而言，以步行者为中心的邻里社区意味着对汽车的摒弃，但作者更提倡对汽车的抑制而不是完全的摒弃："这意味着要降低交通速度，为步行者改造更多的街道地区，但它不意味着完全将汽车从城里撤出。完全排斥汽车以及停车场将会移走街道的活力，使其显得更不安全，而且具有讽刺意味的是更不能吸引步行者。"因此，作者提出一种在以车辆为主导与完全摒弃汽车之间的折中方案："包括能够在白天创造活力的混合功能和充满活力的沿街面，能够提供不同功能并容纳不同标准的交通的街道层次以及一种能够在不引起幽闭恐慌的前提下创造围栏和私密性的城市类型。"

6）富有创造性的交通堵塞

这里作者指的是通过限速的混合功能的街道来创建对步行者更为舒适的环境，"对重型交通工具进行限制，将大量空间都交付给步行者"，"在这样的街道，慢速行车是很正常的，每小时20km的限速区段的导入将使得把这样的理念应用到城市中更广泛的区域成为可能"。具体而言，就是"为减少交通总量，而通过减少交通方式和减少道路容纳力相结合来降低整个交通系统的饱和点，换句话说，就是保持交通堵塞的水平。城市邻里社区可以通过减少车道数量、缩小车道宽度来实现这一点，从而通过更低的交通量保持平缓堵塞状态的交通。在哥本哈根是通过将道路空间交付给自行车，同时每年减少大约 2% 的泊车空间来实现的。"

7）密度

作者认为提高密度的原因就是："一个以步行者为中心的邻里社区同时还会是一个高密度的邻里社区，因此各项设施之间的距离一直都保持在最小状态。城市村落和步行区域的大部分人进入中心地区都是以 10 分钟的最高步行时间为基础的。为了实现这一点并保持充足的人和活力以使街道充满生机，维持当地的服务设施和公共交通，我们需要比以往更高的密度。"提高密度的措施之一是"开发混合功能，这种混合功能的开发包括就业机会、商店、服务、学校以及社区所需的其他设施。"

8）公共交通

可持续城市邻里社区还应该拥有一个有效的公共交通系统。可持续邻里社区应该安排在公共交通设施的周围，从而使最大量的人群能够毫不费力地步行到达车站。通过这种方式，邻里社区能够为人们提供真正可供选择的公共交通，从而将天平从汽车身上移开。

9）能源的使用

除了能源使用和相关的二氧化碳排放量的减少外，其他的环境问题也发挥同样重要的作用。作者提醒的是"对采用的建筑类型和建筑的地理位置的关注"。具体而言，作者提倡用高密度的城市住宅来取代独立式和半独立的住宅形式，另外，尽量利用现有的道路、服务和设施。城市住宅比独立式和半独立的住宅更具有提高能源效率的潜能。由于公寓和联排住宅暴露的墙壁相对而言面积较小，因此在使用同样标准的绝缘材料的前提下，它们要比独立住宅的能源效率高很多。混合功能建筑也同样如此。

城市建筑在重新使用以及翻修改建方面的效率也非常高，例如很多原有的商业建筑以及工业建筑——历史悠久的制造厂或办公场所都可以改造为城市住宅。这说明城市建筑的方式非常灵活，能够转换成为不同的功用，因此在建造时所使用的资源是能够再循环的。同样，新的城市建筑在设计时就考虑了重复使用的因素。

10）发电

作者总结了英国用巨型发电厂取代地方发电厂的经验教训，认为虽然经济上具有一定的意义，但在能源方面却降低了发电的效率。因此，他们提出重新发展地方发电厂，针对夏季和冬季对于电力需求量差别很大的问题——冬季对电能和热能的需求量都非常大，但在夏季，对电力需求大但对热能的需求却很少的时候，适合这种负荷规格的装置就非常低效，可以通过国家电网储存，将剩余电卖给电网，当需要的热能负荷不够满足电力需要时，他们再从电网中购回电能。因而该系统的效率通过每年的热能负荷平均化来得到改善，这种平均化在混合功能的城市地区更加容易得到实现。

在发电控制管理进入到地方层面时，有几种可供能源补充的模式：家庭垃圾焚烧炉、风力涡轮机与太阳能。这三者都有各自的缺陷，更好的选择是太阳能。还有更好的选择是使用太阳光发电的光电技术，由于所发电力能够用于填补因夏季的低热能负荷造成的电量缺口，因而这种技术更能与 CHP 系统兼容。德国弗赖堡（Freiburg）一个由政府赞助建造的住宅，从 1992 年开始，就通过太阳能提供所有需要的热能和电力。

作者也提醒:"这些技术在减少能源使用和二氧化碳排放量方面具有很大的潜能。然而如果我们只集中在单体建筑的范畴,那么其效果就将是非常有限的,我们必须重新考虑邻里社区层面的能源使用和提供的方式"。

11) 城市再循环

主要是指家庭和商业垃圾的再循环问题。作者认为垃圾的分类收集必须注意几点:垃圾由熟练工人进行分离而不是住户自己分离,这样避免了很多设计问题。伦敦使用了一个再循环的箱子,住户将所有能够再循环的垃圾放入其中,然后这些箱子被收集起来,在人行道的手推车上对箱子中的垃圾进行分类,但需要重新建立能够使用这种垃圾的城市体系。作者认为,在工业层面上可行,包括造纸厂开始再循环新闻用纸,还包括买回住户手中的家庭和花园垃圾的混合合成物。另外,一些垃圾可用来货物交换,例如旧桌子椅子,还有为花园和分配园地提供养料的当地堆肥,而这些花园和分配园地反过来又为当地人提供食物。

简·雅各布斯设想了一种未来,在这种未来中,我们除了从有限的自然资源中提取资源外,还会从城市垃圾中开采出许多需要的原材料。这种状况已经发展到了人们想象不到的程度。除了对传统的纸张、玻璃、铝等的循环外,还有再循环被丢弃的衣物的慈善店、古董商店、堆砌废料的院子以及回收建筑废料的院子。沃尔姆塞尔(Warmcell)是一个威尔士的公司,该公司用旧报纸、可循环的复印机硒鼓、产生于发电站的建筑混凝土垃圾或者产生于废旧轮胎的电能来制造家用绝缘体,这些都是以开采城市垃圾为基础的经济活动,而且这些行为并非受到环境意识的驱动,而是受到商业法则的驱动。在这一点上,它们说明了经济活动潜在的丰富倾向,这些经济活动能够使城市地区衰退的制造业技术得到复兴。

12) 水和污水

城市水的来源非常广泛,但水的净化和运输的成本很高,就像水在使用后的处理一样消耗了大量的能源。这是一个典型的线性系统,该系统也有可能闭合一些环节以便在当地层面上形成环形的循环系统。

在 20 世纪中期的伦敦,建立了两套污水处理系统,其中一个包含下水道装置系统,该装置就像车轮的轮轴一样对污水进行催肥并用于植物堆肥,然后将这些水用于城市周围的环状商品蔬菜园地。

这些循环还能在邻里社区层面得到闭合。将浴室和水槽里的水进行再循环,用于厕所冲刷是一件可能的事。人们将这种方法称为中水回用(Grey Water Restoration),这种方法包括对废水进行收集,然后加以过滤并将其抽进蓄水池。

13) 绿地

绿地在心理角度对城市居住者非常重要,另外也是促进植物群和动物群的生物多样性的一个重要贡献者。但绿地存在的缺陷是:(城市地区)过多的绿地将降低城市地区的密度,这时公共交通生存能力随之降低,而步行距离也因此增大。绿地的养护同样是对公共资源的一种消耗。在夜间,绿地还可能制造个人安全的问题,因此需要对城市绿地进行审慎的设计和规划,以便将绿地对城市地区环境的贡献最大化,同时将绿地的负面影响降到最低。

首先，可持续的城市邻里社区可能没有大面积的开放空间，但它应该将野生动植物和生物多样性的机会最大化。实际上，在理查德·罗杰斯特（Richard Register）对生态城市伯克利的设想中，大城市变成了野生动植物的庇护所和对生物多样性的一种纯粹贡献。这一点可以通过行道树、公园、广场、露台、窗槛花箱、庭院、私人花园还有屋顶花园来实现。

城市地区大面积的公共开放空间非常重要，但必须拥有城市公园、游乐设施以及体育设施。如果这些地区要像良好、安全的公共空间那样运作，那么对它们的设计就应该像成功的街道那样遵循同样的法则，它们必须受到周围建筑物或各种活动的监督制约。

通过使用花园和用于种植的分配园地，开放空间还可以具备生产性的功能。城市农业是城市地区的一个传统组成部分，以上方法可以使城市农业的规模扩大。同时它对再循环垃圾也很重要，这种垃圾是家庭有机混合垃圾或当地处理污水的产物。城市粮食作物种植和很多进口的粮食合起来能够降低运输成本，为低收入人群提供新鲜的产品，同时还减少了去大型超级市场的频率。

作者认为通过以上内容，邻里社区能够在绿化城市这一广泛的任务中发挥重要的作用。而且他们提出的大部分建议是以现有技术为基础的，是可操作并能够在不过多增加成本的前提下非常易于实施的，因此很适合像中国这样人口众多而且资源环境问题严峻的发展中国家借鉴。但由于作者针对的对象主要是英国，在国情上与中国有很大差别，因此存在一些概念上的明显差异。例如他们所认为的合适居住密度对我国而言是非常松散的，中国的城市土地资源如此紧缺，甚至连低层联排住宅都应该严格控制其比例，更不用说独立或半独立式别墅的大量建造。英国一些比较成熟的生态技术在国内还不成熟，例如没有掌握关键技术，更重要的是没有发展出成规模的产业，如一整套相关技术配套的生产厂家——而导致很多部件需要进口，价格过于高昂。另外，作者提出的渗透性是针对郊区式住宅的支路系统以及尽端式道路而言，这与国内大多数居住区不尽相同。总之，这些原则需要与中国城市的实际情况相结合，并根据实际需要进行相应的调整。

3. 生态学上意义上的可持续居住区

生态学家将居住区看作一个生态系统，通过技术手段调控、管理这个生态系统，可以达到实现居住区可持续发展的目的。例如有人提出："遵循生态平衡及可持续发展的原则，即综合系统效率最优原则，通过综合运用建筑学、生态学及其他现代科学与技术手段，设计、组织住宅内外空间的资源和能源，尽可能地达到小区内部、内外部之间的环境平衡和循环使用，最高效、最少量地使用资源、能源，减少对环境的冲击，实现高效、低耗、无废料、无污染、生态平衡的建筑环境，从而营造出一种自然、和谐、健康、舒适的居住环境。这里的环境不仅涉及住宅区的自然环境，也涉及住宅区的人文环境、经济系统和社会环境。""可持续居住区的设计，也称生态住宅设计，便是指在这种生态原则指导下，综合运用当代建筑学、建筑技术科学、生态学及其他科学技术的成果，把住宅建造成一个小的生态系统，为居住者提供舒适、健康、环保、高效、美观的居住环境的一种设计实践活动。"

生态学意义上的可持续居住区与路德林和福克上述著作中的生态邻里社区比较接

近,其理论基础架构在系统科学、复杂性科学等方面与一般城市规划主要方法的差别,是确定多层次的指标体系以及利用一些新的工具,例如3S技术,对现状环境进行系统评估。这种方法存在一些局限性:

(1) 难以适应于复杂性系统

人们认识到涉及居住区这个复杂系统的问题,必须模拟居住区各要素以及要素之间的关系、系统内部与外部的关系,这样在关系确定过程中存在大量不确定性,这些不确定性影响了评估以及最终方案的正确性。目前在针对一些相对简单的系统的应用中,例如在解决城市交通问题和生态环境的技术问题方面具有一定功效,但在一些更大更复杂系统的研究应用中并不成熟,特别是涉及"住宅区的人文环境、经济系统和社会环境"时更是如此。因此,目前依靠技术来解决居住区的可持续发展问题,仍然存在很多争议。

(2) 对高科技的依赖影响了方案的可操作性

居住区与住宅中应用的生态技术分为两类:高技派与低技派。就目前我国的生态节能技术而言,还远未达到普遍推广高技术需要的复杂工艺的高技派生态技术的水平。例如就建筑单体而言,在上海的一栋生态示范楼,就接受了来自多个国家一百多家公司的技术与设备赞助。换而言之,国内还不具备完整地生产一栋生态建筑所需的相配套的技术以及市场支持。加之国外建造这类建筑的成本高昂,如果建筑的各个部件都需要进口的话,无法控制成本。因此,在国内的建筑生态技术、市场成熟之前,高技派生态建筑的推广应用举步维艰。很多类似因素限制着高技派生态建筑在中国的大规模推广应用。旨在解决某些特定问题的"局部"以及低技派的可持续技术,应该是解决近期居住区问题的有效方法以及研究的主要目标。

可持续发展虽然为我们全面解决城市问题提供了一个理想的方向和目标,但迈克尔·布鲁赫林警告说,这种要同时解决城市的"经济、社会与生态系统问题"的宏大构想,也"必须与现实主义的药剂调和起来服用"。例如可以借鉴霍华德的一些所谓"折中"的观点,他支持"城市更新"也赞成保护农村土地,但他又提倡城市遏制,并期望实现城镇与农村的完美婚姻。

第二节 中国可持续居住区发展现状及面临问题

自从联合国于1992年在巴西召开全球首脑会议——"环境与发展大会"以来,可持续发展的新观念得到全世界的认同,其中住宅开发建设坚持可持续发展的战略已深入人心,并在各国政府的住宅政策中得到充分体现。我国政府积极实施可持续发展战略,于1994年制定了《中国21世纪议程》(图1-3),在国民经济和社会发展"九五"规划中把可持续发展作为一项重要的战略任务,逐年实施。我国在实施可持续发展战略中,将住宅建设与住区可持续发展放在极为重要的地位,国家强调住宅建设的人民大众性,强调普通住宅、安居工程的建设,强调住宅面积和住宅质量的提高,所谓"小康不小康,关键看住房"。住区的可持续发展,关注人类住房与居住环境问题,突出政府的推动、导向作用,把住宅开发与居住环境建立在可持续发展的基础上。住区更新改造、住宅功能的人性化、住区环境美化与可持续发展,已成为政府的住宅政策设计的新趋势,关注人类自身的身心健康及居住质量的提高,已成为住宅开发的主流。居住环境受到前所未有的重视,人类住宅可持续发展是统领今后住宅开发建设的主导。目前,国内可持续居住区所采取措施主要体现在环境保护,提供健康舒服的住区生态环境等方面。

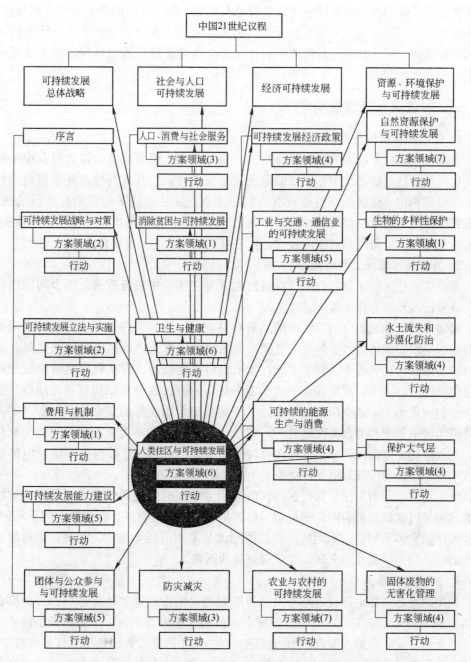

图1-3 《中国21世纪议程》主要内容与人类居住区的可持续发展
(图片来自《中国21世纪议程》)

第一章 绪 论

随着住宅产业日益迅猛的发展，资源耗竭、环境污染和生态破坏成为困扰当今人类居住区健康、和谐、持续发展的主要问题。在城市居住区规划建设中，如何保护自然资源，特别是对不可再生资源的合理利用和节约使用，如何保护与延续历史文化遗产的精神内涵，如何对地区特性的各因素进行全面、综合的考察与发掘，探索符合我国国情的人居环境，是目前急需解决的问题。研究总结影响我国现代居住区居住环境的主要因素，保护与合理利用一切自然资源与能源，提高资源的再生和综合利用水平，使人、自然、环境融为一体，互惠互生，为人类提供方便、安全、宁静、优美的居住区，具有重要的现实意义。目前国内居住区要实现可持续发展的目标，首先需要解决以下六个方面的问题。

一、居住区可持续性问题

1. 住宅的可持续性问题

我国近年来城市住宅的建设量非常大，每年都有大量新楼盘上市，但其中全面考虑住宅可持续性的少之又少，成功的范例更是屈指可数。开发商普遍注重楼盘的外在形象，依靠别出心裁的景观打造吸引人们的卖点，往往忽视了住宅内在品质的提高，这是我国住宅可持续建设进展缓慢的原因之一。如今，能源危机和环境问题日益尖锐，国家也逐渐加快了研究和立法的步伐，住宅可持续建设的大规模普及迫在眉睫。

2. 具体技术层面上的问题

可持续居住区所采取的技术措施目前大多是在实验中进行改善，不少问题尚待解决，许多技术环节有待于提高。

譬如，太阳能光热应用领域中的热量存储问题。现在，许多住宅安装了太阳能集热器为居民供暖或提供生活热水。夏天，太阳辐射强度大，集热器获取的热量在满足住户需要的同时还有盈余。到了冬天，太阳辐射强度变小，所获取的热量则往往不能满足住户的全部需求，需要其他形式的能源进行补充。这种太阳辐射强度随季节变化而浮动的现象为太阳能应用带来了难题。如何存储夏季获得的多余能量以备冬季不足之需成为这一领域主要攻关课题之一，解决了这个问题，将大大提高太阳能的利用效率。在太阳能光电应用领域，也存在着转换效率低的问题，这使得太阳能发电的成本居高不下，难以与传统发电展开竞争。

废弃物回收利用方面，如何提高回收利用率的同时降低回收成本也是亟待解决的关键问题。以建筑材料为例，钢材和木材都是易于回收的材料，而混凝土则不易回收，欧美发达国家多采用钢、木结构，而我国则大量采用混凝土结构，因此，如何提高混凝土的回收利用率是我国尤其需要重视解决的问题。

3. 规模与影响力

我国的可持续住宅建设近年来虽然有所起色，但在规模和社会影响力方面都还有所欠缺。2000年，北京建成了我国首座全方位的绿色生态小区——北潞春小区，它采取了一系列节能、节地、节水、治污措施，在生态小区建设方面做出了许多有益尝试，但和欧洲同期的可持续住宅相比，在住宅本身的设计上和技术运用等方面还存在着一定的差距。随后涌现的"锋尚国际公寓"和"MOMA国际公寓"虽然在住宅质量和技术运用方面达到了国际先进水平,但造价不菲,走的是名牌路线,其消费对象是少数高收入群体,而非普通民众,因而难以形成普及态势。中国要真正拥有属于自己的、成熟的、经济适用的可持续住宅,还需要进一步探索和努力。

尤其我国被动式住宅发展缓慢,还不成气候,开发商在建设楼盘时考虑最多的是楼宇的外观形象和建筑面积,并不在外围护结构的设计上下工夫,而消费者在购买房产时也不太关注住宅的节能问题。因此我国新建住宅的能耗大大超过了欧洲低能耗住宅。

二、生态环境设计问题

居住区生态环境设计是以满足居民生活,为生活在喧闹都市的人们营造接近自然、生态良好的温馨家园为宗旨,但目前很多居住区绿化还处于粗放式开发阶段:由于"景观绿化"视觉效果的直接性,致使开发商和消费者对"视觉绿化"过分关注,为求建设速度和环境效果的速成,大量运用草坪以及移栽的树木替代原有的植被系统,这种模式片面追求"景观绿化",却忽略了绿化的真正生态价值。在现代居住小区中,除了观赏价值,绿化还可以起到遮挡视线,增强住宅底层的私密感,为人们遮阳,方便居民的夏日出行,形成屏障,阻挡噪声和冷空气等多种作用。另外,草坪的生态效果远比不上原有生态植被系统,有学者研究,以实际的绿化养护费用比较,草坪的管理费是一般乔木、灌木的3~5倍,其所发挥的生态效益则只有同样面积乔灌草复合群落的1/4。另外,中国是一个丘陵低山地貌占据很大比例的国家,但许多居住区建设却按照平原建设模式,不考虑原有的地形地貌,不仅丧失了自然特征,还易造成水土流失或塌方下陷等危及安全的隐患。

由此可见,居住区的生态环境不仅仅体现在视觉美学上,绿化的种类,植被之间的搭配,植被与建筑(场地)的关系,植被未来的维护、管理等,都影响绿化的生态效果。盲目追求所谓欧式园林的景观设计也容易导致小区环境千人一面,缺乏地方性和个性。居住区建设应注重生态持续原则,鼓励尽量保护原有的生态环境和植被系统,有利于生物多样性的植被搭配,并构筑连接小区绿地斑块与城市绿地的绿色廊道。本着经济适用的原则,充分利用原有地形地貌,用最少的投入、最简单的维护,达到设计与当地风土人情及文化氛围相融合的境界。

三、居住区开发与能源、资源问题

我国人均能源资源相对贫乏。但在城乡建设中,增长方式比较粗放,发展质量和效益不高;建筑建造和使用,能源资源消耗高,利用效率低的问题比较突出;一些地方盲目扩大城市规模,规划布局不合理,乱占耕地的现象时有发生;重地上建设,轻地下建设的问题还不同程度地存在。资源、能源和环境问题已成为城镇发展的重要制约因素。

1. 居住区与土地资源问题

一般居住区占城市用地的30%左右,是城市建设的主要组成部分,而中国是一个土地资源十分有限的国家,尤其是耕地面积十分紧张。截至2008年12月31日,全国耕地面积为18.2574亿亩,又比上一年度减少29万亩,这已经是耕地面积第12年持续下降。与1996年的19.51亿亩相比,12年间,中国的耕地面积净减少了1.2526亿亩,耕地减少的原因是由于灾害损毁耕地、生态退耕以及因农业结构调整减少,但其中城市建设用地扩展占用的耕地比例大,且主要为生产力较高的优质耕地。据统计资料分析表明,城镇化水平每增长1%,城市建成区面积扩大153万亩,耕地减少615万亩(相当于城市建成区面积的4倍)。我国在向联合国人类住区第二次大会提交的报告中提出,到2010年,我国城镇人口将达到6.3亿,城市化水平提高到45%左右。按照该报告,到2010年,我国城市化水平将增加9个百分点,也就是说,我国将会损失约5535万亩耕地。因此,如何解决大规模城市建设用地与耕地保护之间的矛盾,已是迫在眉睫的问题。而如何在保证环境质量的前提下,集约开发居住区,包括与之配套的城市交通等基础设施以及商业、办公等服务功能区,是解决这一问题的关键之一。

2. 居住区节能问题

首先是居住建筑的能耗问题。我国已建房屋大量属于高耗能建筑,总量庞大,潜伏巨大能源危机。据国务院发展研究中心组织的"国家综合能源战略以及政策研究"指出,我国既有近400亿m^2建筑中,99%属于高能耗建筑,新建建筑中,95%以上仍然是高能耗建筑,单位建筑面积能源消耗为发达国家3倍以上。住房和城乡建设部有关负责人指出,仅到2000年末,我国建筑年消耗商品能源共计3.76亿t标准煤,占全社会终端能耗总量的27.6%,而建筑用能的增加对全国温室气体排放的"贡献率"已经达到了25%。中国建筑业协会会长郑一军说:"如果任由这种状况继续发展,到2020年,我国建筑耗能将达到10.89亿t标准煤;到2020年夏季,空调高峰负荷将相当于10个三峡电站满负荷能力,这将会是一个十分惊人的数量。"

居住建筑的节能必须开源与节流两手抓。从居住区规划、建筑设计、施工贯彻节能的标准,此为开源,加上可再生能源的利用,是为节流。二者结合,才能达到居住区的节能要求。

四、可持续评价、监控、管理体系不完善

可持续评价、监控、管理体系的完善程度直接关系到可持续建设的成效。为了推动住宅可持续建设,我国有关部门先后出版了《绿色生态住宅小区建设要点与技术导则》(以下简称《导则》)和《中国生态住宅技术评估手册》(以下简称《手册》)。《导则》的目的在于引导小区在建设过程中积极采用先进、适用的集成技术,使能源、资源得到高效、合理的利用,并有效地保护生态环境,达到"节能、节水、节地、治污"的目的;《手册》则针对小区环境规划设计、能源与环境、室内环境质量、小区水环境、材料与资源这5个方面进行全面的量化评估,给出直观的累计得分。《导则》和《手册》的出台,在促进我国住宅可持续建设方面迈出了可喜的一步,但由于目前缺乏有力的实施、监控和管理体系,致使对于居住区在建设和运行过程中的节能和环保、居民日常生活的便捷性等问题的规划、调控等往往都带有很大的滞后性和被动性。

另外,城市与住区相关的能源、资源、材料的监控、管理技术和措施不完善,如节约常规化石能源、可再生能源的开发利用、控制材料含能、材料的环境认证、废弃

物的回收与再利用、产品的生命周期评价、控制温室气体的排放等,尤其是材料的环境认证、产品的生命周期评价和温室气体的排放控制这类保护环境的措施,我国还做得很不够。材料认证体系还不成熟,存在很多漏洞;缺乏自己的建筑产品生命周期评价数据库;二氧化碳等温室气体排放量的控制并未得到足够重视。所有这些,都需要我们借鉴国外的先进做法,尽快加以弥补。

相比之下,国外一些做法更为成熟。英国第一个大型"零矿物能源"可持续社区BedZED建成后,设计小组一方面密切关注已建成住区的运行性能,进行定期评估与总结,另一方面在现有经验的基础上积极研发下一代设计产品。芬兰赫尔辛基Viikki地区在大规模进行可持续建设的同时,针对该项目开发了环境评测工具Pimwag,并专门成立了管理小组对建成项目的运行情况进行长期监控。德国弗赖堡家庭与办公大楼作为一个环境研究项目,设立了特殊基金用于研究采用的技术措施并监控结果。此外,许多国外可持续住宅的设计人员在开发建设的过程中,与住户进行了良好沟通,以帮助住户充分了解自己的住宅并正确使用其中的技术设备,有的项目甚至提供了详细的说明书,发动居民主动监控住宅的能耗、用水量、温湿条件等运行情况,并及时提供产品更新的技术信息,这样才能确保整个系统的高效运行。在这方面,我国做得远远不够。

五、居住区的单一目标规划

单一目标规划是指城市的土地利用规划成为具有尽可能单一目标的活动,而对于土地利用规划所产生的负效应,不管是正面的还是负面的,都不予考虑。"单一目标使得道路规划仅仅为车辆服务,林业规划只为了木材生产,农业规划只为了提供食物,河流规划只考虑防洪问题,停车站的规划只为了排队候车,公园仅有游憩功能,而建筑物仅只为生活或工作的场所。"单一目标对环境来说显然是有害的。工作的地方和居住区域相隔很远,人们每天只能花费大量的通勤时间;如果居住区域与湖泊、公园和自然空间隔离,人们无法将自己的生活空间与自然联系。

上述存在的问题必然会引起居住区规划改进的思索,如何在规划实施过程中实践规划理论,实现规划意图,创造舒适宜人、能源资源节约、污染较少、邻里关系密切、具有安全归属感的住区环境,即社会促进空间(Socio-Petal Space),避免缺乏空间层次,空间归属感不明,邻里结构分散的住区环境,即社会分离空间(Sociofugal Space),对居住区规划提出更高的要求。由此,可持续住区的理念应运而生,许多学者指出居住区的良性发展必须将可持续发展理念研究与规划技术研究相结合,加强涉及城市空间规划层次的应用研究,方能使住区规划跟得上时代的步伐。

六、传统居住空间形态的简单模仿

由于居住区的建设往往是基于传统文化基础,在住区规划中出现了一些传统居住形态的再创造,但是其中也混杂了一些对传统居住空间形式的简单模仿。如有些方案打着塑造"传统里弄"的旗号,图纸效果极好,但实际建设中不过是更加强化了行列式的单调乏味。这种简单模仿问题的出现,易导致在建设居住区时失去对居住环境层次空间的基本考虑，而影响居住区建设的发展。

第三节 可持续居住区的原则

由于城市是一个复杂的系统，居住区与其他城市功能区之间、居住区内部之间有着错综复杂的关系。因此在可持续住区的规划设计中，需要遵循以下原则：

一、生态约束原则

真正的住区可持续发展必然要有一定的约束机制，无约束的自由、盲目的建设都与可持续相悖。1.开发用途约束：确定用地性质、用地面积、边界范围等；2.开发强度约束：确定建筑类型、建筑容量（建筑密度、建筑高度、容积率）；3.公建配套设施建设约束：对居住区的商业、学校、车库等公共设施提出设置要求；4.景观约束：对建筑风格、色彩、轮廓以及建筑组合加以控制；5.生态环境约束：对环境容量指标包括人口密度、绿地率、空地率的控制。

新时代的居住环境，强调其所有的功能要在满足当前需求与未来发展之间取得平衡，如建设节约能源和节约材料的建筑，建设与环境相协调且有益于人们身心健康的城市，即强调有必要营造一个可持续发展的居住环境。近年来提出的生态城市理论正是谋求人类文明与自然环境和谐发展的最新模式，在生态城市建设中，可持续居住区是与人关系最密切、最直接的部分，正逐渐引起人们的重视。在节约水资源方面，往往通过收集处理中水进行花园灌溉，回收雨水及生活废水冲洗厕所、清洁道路，也可在户内设计采用节水型马桶、无渗漏水龙头等节水设备等来实现节约用水，并间接节约了污水量及相关设备损耗。在开发可再生的新能源方面，主要是针对太阳能的利用，风能、水能、生物能、地热等无污染型能源的开发作了大量投入，除此之外，通过开发相变材料，将其与建筑结构结合起来，可设计出一种低能耗建筑以维持建筑物的良好的热环境，实现住区能源消耗的减少。同时，新型建材的出现，进一步降低了自然资源的消耗和能耗，且使大量工业废物得到合理开发与利用，这类产品结束使用寿命后还可以作为再生资源加以利用，不会形成新的废物。此外，设计可持续住区还应考虑住区生活垃圾的处理。住区垃圾的处理直接关系到居民生活质量和环境污染，最大限度地减少垃圾对环境的污染，最大限度地变废为宝、循环利用，以适合住区的可持续发展。

加拿大温哥华区域绿色生态规划纲要（GVRD Sustainable City Plan）便体现了住区设计的生态化原则，指出可持续发展生态居住区设计应遵循六项原则（Sustainable Community Six Design Guidelines），即：有效合理地经营地貌，使生态环境保护最佳化，住宅价值最大化（Capilalize the Site）；创造各种形态与尺度的动线网络（Connect the Flows）；多元化叠加系统的居住区（Layer the System）；创造中心（Create a Centre）；创造最大的社区价值手段（Economy of Means）；创作社区家园（Make it Home）。该纲要在强调生态与绿色健康居住社区的同时，也提出了人文健康设计的数项多元化原则，也即人文生态原则：多元化住宅产品——最佳市场模型与建筑模型的最佳对接的综合产物(Architecture Model & Marketing Model),多元功能组合的中心(Mixed-Use Centers/Streets),发掘历史文脉创作个性化的可识别社区(Cultural & Historical Identity),完整居住社区(Complete Community)。

二、超前性原则

城市住区规划与建设要具有一定的超前性、整合性、历史连续性和公众参与性,制定发展战略,完善法规体系,严格依法实行规划、设计、建设和管理,把好立项审批关,从源头上切断无序建设、低效发展及其由此而产生的恶性循环。城市发展中的许多矛盾都会在居住区的建设中反映出来。如果居住区规划和建设只满足眼前需求,不考虑可持续发展,不仅会造成资源的浪费、重复建设和低效率,还将为未来城市的发展埋下隐患。因此,对居住区建设与城市发展必须具有超前的设计理念。所谓住区规划的超前性就是规划必须具有超前意识,必须留有较好的发展、调整和可供改造的余地,即住区规划制定的各项方案要有一定的伸缩性,适宜住区的长期发展。由此,住区规划可分为两个层次,一是规划住区未来发展的动向,二是规划现今住区所有地段的发展性质和集约度。如考虑到未来发展趋势,住区建设应为绿地、停车场等各种用地留出余地。

三、"以人为本"的原则

美国心理学家 A·马斯洛(Abraham Maslow)在《人的动机理论》中提出,人的要求分五个层次:生理需求(Physiological Need)、安全需求(Safety Need)、友爱需求(Love Need)、尊重需求(Esteem Need)、自我实现需求(Self-realization Need)。

人的居住需求的变化是居住区规划、开发变革的直接动力和内在动力。居住区的主要功能是满足"人"的居住需求,只有坚持以"人"为本,才能建立起良好的社区环境,周到的人文关怀,贴心高效的服务,完善的配套设施等,促进居住区的可持续发展。提升居住区品位,发展以"人"为本的社区文化,其规划应追求高效节约而不能以降低生活质量,牺牲人的健康和舒适性为代价。同时,住区的规划与建设还应能适应和满足城市低收入者的基本需求,并有助于提高其生活质量,从而,在社会层面上充分体现社会公平。

以人为本落实到居住空间设计中,包括以下内容:

1. 体现地域特色

应该挖掘地方性的传统建筑艺术形象,革新地方性、气候特点浓厚的建筑技术加以使用,利用地方性材料表达地区色彩,吸引居民参与设计、建设,使居住空间充满活力。倡导传统居住文化也并非不可能把某种传统居住形式作为特定的目标来追求。现代具有可持续发展理念的居住空间设计对其艺术形式的继承不是简单的移植和粗陋的模仿,而应运用现代设计手法对其进行改造和创新。如利用简化提炼、材质转换、符号提取等手法赋予传统形式以时代精神。传统居住文化的扬弃有助于提供居住空间设计的文化内涵,抵制严重破坏生态环境的不良倾向。

2. 增强空间的活力

第一章 绪　论

传统居住空间最值得借鉴的地方，是其多样化的，富有人情味的交往空间，可以增加居住空间的活力，简·雅各布斯认为可通过4个方面来增加城市的活力：

(1) 街区要有多种多样的功能，并考虑设施在不同时间、不同使用要求下的功用；
(2) 大部分街道要短，街道拐弯抹角的机会要多；
(3) 街区中必须混有不同年代，不同条件下的建筑，老房子应占有相当比重；
(4) 人流往返频繁，密度和拥挤是两个不同的概念。

四、适宜性原则

可持续住区的规划还应因地制宜，而不能照搬盲从。每个国家的具体国情不同，面临的主要危机不同，居住区所采取的可持续措施也不尽相同。

如荷兰地势低洼，全球气候变暖导致的海平面上升直接威胁到国土的缺失，因此对温室气体排放等环境问题非常敏感；荷兰、丹麦、西班牙等沿海国家受气候影响风力资源丰富，所以大力提倡风能发电；日本是个自然资源紧缺的国家，非常注重节能和发展循环经济，强调电器产品的节能技术和材料的回收与再利用；德国重视能源结构调整，大力开发太阳能、风能、生物质能等可再生能源。

我国是一个人均资源占有量紧缺的国家，在住宅建设中，首先要考虑资源节约问题。为此，国家采取了一系列措施：自2000年6月1日起，在城镇新建住宅中禁止使用长江、黄河上中游等天然林保护生态建设工程地区的天然林及天然珍贵树种为原料生产的门窗地板；自2000年6月1日起，在人均可耕地面积不足0.8亩的省、直辖市及沿海地区的大中城市新建住宅中，限时禁止使用实心黏土砖，限时期限为3年；自2000年12月1日起，在大中城市新建住宅中禁止使用一次冲水量在9L以上的坐便器，推广使用6L的坐便器；继房改之后，我国将进行"热改"，供热采暖系统采用热计量，并按热耗收费。此外，针对建筑节能与开发清洁能源的要求，保温节能墙体材料的开发和应用已提上日程，同时新能源及可再生能源的开发利用，尤其是太阳能在住宅中的应用也日见规模。

东西方国家的住宅模式不同，其住区的生态化方式也就不同。此外，气候的差异也往往使得不同地区的可持续设计策略大相径庭。住区的规划应结合国内的气候特点及其他地域条件，最大限度地利用自然采光、自然通风、被动式集热和制冷，以减少因采光、通风、供暖、制冷等所导致的能耗和污染。

五、整体性原则

理论上说，一个城市是一个生态系统，居住区和环境功能应该是一个平衡的生态单元。居住区是城市机体的组成部分，有一定的生命周期。它在从城市中吸取养分的同时，自身也处于一种动态平衡之中，只有这种平衡的建立，才能使居住区具备一定的自我更新能力，保持其可持续发展。这种平衡的建立依赖于住区规划的整体性。可持续住区在规划上应能体现土地资源的有效利用和服务于城市的整体功能，在建设上应寻求再开发、修复与保护三者之间的最佳结合点，实现传统和现代物质形态之间的协调与统一，强调"整体设计"的思想。要做到真正的整体设计，必须结合气候、文化、经济等诸多因素进行综合分析，而不可盲目照搬所谓的先进生态技术，不能以偏概全。整合性强调的是相邻两个界面之间的相互协调与统一。其含义在于三个方面，即既要注意单幢住宅之间的"形象"照顾，又要注意单幢住宅与整个住区之间的相融性，还需考虑整个住区与周围区域之间的统一性。住区规划的历史连续性则指要求在规划和建设新的住区时，要认真考虑保护一些有价值的古建筑，要让古建筑在新规划的住区里有一定的地位，并显示出其独有的特色，其强调的是要继承文脉、注重现状，而不主张采取全盘重建。此外，在抓好规划与建设的同时，应该制定相关法律和行政规章制度来规范物业管理等，使得住区可持续发展不仅有着前期的良好规划，还能保障后期的精心管理。目前，许多住区已应用了计算机、网络电视安全监控的现代化科技手段进行管理，使得从房屋、设备、市政、维修、绿化、环境与卫生乃至治安保卫等方面，都实现了管理工作上的程序化、规范化。同时，许多住区在管理上实行责、权、利相结合的社会化、规范化、企业化，发挥了居者与社区的两个积极性，切实赋予社区权力。

六、多元化原则

规划应考虑居住区模式的多元化，如可以引入"街坊"的概念来弥补小区居住模式的不足。"街坊"从小到大，分为邻里街坊、小区级街坊、组团式街坊等，做到小区、传统街坊、综合社区模式并存。同时，还要注意保持居住区品质，防止社区环境老化。坚持在专家的指导下，公众参与社区建设，体现综合环境优先的原则，保持居住区生态平衡。长期以来，由于资源利用效率低，城市生态系统结构与功能失调，生态资产萎缩，城市生态服务功能不足，造成对城市环境的破坏。因此，努力改善城市生态是建设可持续发展的居住环境的必由之路。基于居住区的可持续发展是城市可持续发展的一个缩影，可持续发展的居住环境设计则要求城市规划及建筑设计必须与城市本身的自然环境相适应，与周围环境达到高度的和谐统一。对资源再生、降低能耗及减少污染方面应给予更多的关注，保证城市和社区具有良好的环境质量，成为一个能够平衡、健康发展的自然生态系统。

七、公众参与的原则

米格尔·鲁亚诺认为公众参与的必要性是因为传统的建筑师、城市学家们不了解住区居民的实际需要。"几个世纪以来，城市结构（现在仍是）是由居住的居民有机创造的。在传统的城市发展过程中，城市生境几乎都是为了满足居民的短期需要和愿望而建造起来的。虽然建筑师、城市学家和其他领域的专家共同规划了人居环境，然而，即使这样也不能满足现有居民的需要和愿望。因为他们通常感觉设计师很少考虑他们的利益，他们的需求和愿望很少体现在设计中，或者根本没有体现。这种想法通常导致设计师们感觉与城市环境脱离并且缺乏认同感，于是导致更严重的社会问题，在这种不适宜的情况下，城市的居住环境不可能具有平衡的生态系统。"

总之，可持续住区的规划必须以生态学原理为指导，综合应用生态工程、社会工程、系统工程等现代科学与技术手段，才能成功建设出社会、经济、自然可持续发展，

第一章 绪 论

生态良性循环，物质、能量、信息高效利用，人与自然高度融合，居民身心健康和环境质量均得到最大保障的人类住区，从而真正实现住区的可持续发展。

思考题

1. 请简述居住区的可持续发展存在哪些主要问题。
2. 霍华德的"田园城市"理论对居住区可持续发展有哪些借鉴作用？
3. 请分析勒·柯布西耶"阳光城市"理论的优缺点。
4. 邻里社区的概念以及局限性。
5. 路德林和福克认为"适用于住宅或者邻里社区的所有可持续发展的基本原则"是什么？
6. 请简述可持续居住区的原则。
7. 简述早期居住区规划思想的特征及局限性。
8. 请简述简·雅各布斯的居住环境多元化对可持续居住区的影响。
9. 简述新城市主义的特点。

参考文献

[1] Auke van der Woud. CIAM Housing Town Planning, Delft University press, 1983.
[2] David Drakabis Smith. Third Cities: Sustanale Urban Development. Urban Studies, 1995.(32): 665-677.
[3] Franco Archibugi. The Ecological City and the City Effect: Essays on the Urban Planning Requirements for the Sustainable City. Chicago: Athenaeum, 1997. 1-27.
[4] Frank S. The New Town Story. London: Palidin, 1970.
[5] Peter Katz. The New Urbanism: Towards An Architechture Community. New York: McGraw-Hill Inc. 1994.
[6] United Nations Conference on Human Settlements (Habitat Ⅱ). The Habitat Agenda——Goals and Principles, Commitments and Global Plan of Action. Istanbul, Turkey: United Nations Conference on Human Settlements. 1996.
[7] 陈眉舞. 中国城市居住区更新：问题综述与未来策略. 城市问题, 2002. 4: 43~47.
[8] 谷锐, 那鹤. 创建舒适、健康的生态居住区. 建筑工程. 2003, 6: 127.
[9] 贾向熙. 论居住区建设与可持续发展. 建设科技, 2005. 21: 90~91.
[10] 姜力祺. 建筑节能的中国现实. http://news.qq.com/a/20090331/001415.htm, 2009.03~31, 17: 11.
[11] 李岚. 营造一个可持续发展居住环境. 北京规划建设, 2001.3: 63.
[12] 李建华, 任彬彬. 我国城市居住区的发展模式研究. 山西建筑, 2005.17(31): 34~35.
[13] 刘易斯·芒福德. 城市发展史. 北京：中国建筑工业出版社, 1989.
[14] 刘建龙, 张国强, 阳丽娜. 室内空气品质评价方法综述. 制冷空调与电力机械, 2004.25(2), 24~32.
[15] 刘建龙, 谭超毅, 张国强, 李志生. 湖南省4城市住宅室内环境健康风险评价 [J]. 环境与职业医学, 2008.25(4): 375~377.
[16] 倪虹, 牟鑫. 新世纪的生态住宅. 墙材革新与建筑节能, 2001.4: 12~13.

参考文献

[17] 聂梅生，秦佑国，江亿等. 中国生态住宅技术评估手册. 北京：中国建筑工业出版社，2002.
[18] 欧祥，欧吉. 居住区规划和住宅设计的发展方向. 住宅科技，2003.3：23~25.
[19] 启明. 住宅建设与人类住区的可持续发展. 时代建筑，1997.1：57~58.
[20] 王承慧. 从住区规划建设中的误区谈起——兼论可持续发展理念在住区规划中的运用与落实. 规划师论坛，2001.17(3)：19~22.
[21] 韦文波. 方兴未艾的生态建筑. 沿海环境，1999.9：16~18.
[22] 文辉. 国外生态住宅与居住区生态建设. 上海建设科技，2003.3：22~24.
[23] 杨仁杰. 生态居住园的内涵. 住宅科技，2002.3：43~45.
[24] 颜京松，汪敏. 生态住宅和生态住区（Ⅱ）健康、自然与环境保护. 农村生态环境，2004.20(1)：1~5.
[25] 俞万源. 居住区规划理论与实践浅析. 嘉应大学学报，2000.3：87~91.
[26] 中国国务院. 中国21世纪议程——人口、环境与发展白皮书. 北京：中国环境科学出版社，1994.
[27] 周向红，袁瑞娟. 现代城市住区规划与可持续发展. 城市开发，1999.7：42~43.
[28] 周瑞文. 城市生态居住区绿地的可持续发展问题分析. 建筑与规划设计，2008.3：83~84.

第二章 生态技术在居住区的应用

生态技术应用于居住区的本质就是综合地运用当代建筑学、生态学及其他技术科学成果,把住宅建造成一个小生态系统,为居住者提供生机盎然、自然气息浓厚、方便舒适、节约能源、没有污染的居住环境。

可持续居住区强调的是资源和能源的综合利用,注重人与自然的和谐共生,关注环境保护和材料资源的回收和复用,减少废弃物,贯彻环境保护的原则,在这一点上类似于生态住宅和绿色建筑。中国台湾学者在"绿建筑设计技术编录"中将其定义为"消耗最少的地球资源,消耗最少的能源,产生最少的废弃物的住宅和居住小区"。

生态住宅技术是从可持续发展的战略思想出发,以保护自然资源,创造健康、舒适的居住环境,与周围的环境生态相协调为主题,提高建筑物全寿命周期中每个阶段的综合品质。具体而言,生态技术在居住区的应用,首先要保障整个居住区节约能源(节能、节材、节水、节地)及防止环境污染的各项措施得到实施;其次把重点放在开发和推广国内外居住区建设的新技术、新工艺、新产品上,并不断提高居住区的规划设计、建筑设计及建设水平,从而实现社会、环境、经济效益的统一;第三,最大量地使用当地资源,如阳光、落在邻里社区屋顶上的雨水以及能够在其花园和分配园地中种植的食物。这些当地的资源还包括邻里社区产生的垃圾,例如能够用于厕所冲刷的再生水或者可成为堆肥用于滋养花园和分配园地的垃圾。通过将资源的输入量最小化并最大化地使用当地资源。邻里社区能够有效地将输入量降低到该社区的资源的水平。

第一节 居住区环境保护技术

一、垃圾处理

作为集中的居民生活空间,居住区每天产生一定量的废水、废气及固体废弃物。可持续住区必须将该地区不可循环的垃圾总量最小化,通过使用家庭垃圾分离收集和市政垃圾收集使日常生活的一部分垃圾得到再循环。另外,根据污染产生的环节,可以分为建设阶段产生和建成后产生。根据物质的特性,又可以分为废水、废气、固体废物。废水即居民的生活污水,废气在本书中为居住区室内各种有害气体,固体废弃物则是建筑期间的建筑垃圾和建成后居民的日常生活垃圾。生活污水的处理及循环使用将在下面的章节中详细说明,对于室内有害气体的处理也将开辟专章详细介绍,本节将侧重于介绍建筑垃圾和生活垃圾的处置方案。

建筑垃圾主要是指居住小区建设期间产生的各种废弃建材及建筑工人施工期间产

生的少量的生活垃圾。对于废弃建材，根据垃圾特性给出不同的处置方案：对于可以直接利用的部分，比如砖块等，可由建筑方在不影响工程质量的同时用于建筑过程；而对于那些不便于直接利用的可循环使用的部分，比如钢筋、玻璃、塑料等，分拣后送不同的厂家回收；同时，建设过程中提倡使用绿色涂料，杜绝使用有害涂料、油漆等建材，这不仅可以减少有害建筑包装垃圾的产生量，同时也切断了室内有害气体的主要产生源。对于居住小区建设期间产生的定量的生活垃圾，要求建筑方定期送城市生活垃圾处置场统一处理。

参照国内外城市生活垃圾的处理处置方案，居住区生活垃圾处理包括收集、运输、处置三个环节。作为组成城镇的一个小单元，居住区为一小部分当地居民提供生活、休息场所，所以在建设和运行的整个过程中产生一定量的固体废弃物。对比整个城镇而言，这部分固体废弃物的产生的质和量是相对稳定的，处置方式分为单独处置和集中处置两种，单独处置无需运输费用，集中处置则是使单位体积废弃物的处置费用低。厨房、庭院等处的垃圾多以有机物为主，这些垃圾的填埋处理价值在于它们本身的营养含量和对于土壤的改善潜能，这部分垃圾在居住区内进行处理，不仅节省了运输这些材料能源消耗，而且也实现了这些材料的内部价值。下面给出一些常用的小型堆肥设备。

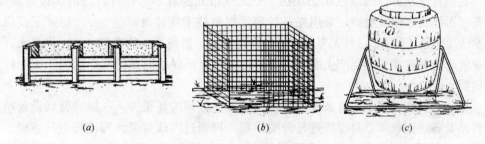

图 2-1　单独处置堆肥箱
(a)多个联合堆肥箱；(b)铁网堆肥箱；(c)旋转混合堆肥箱

从经济角度以及我国目前的经济现状来说，单独的居住区尤其是城市中的大型社区，没有建设专有固体废弃物处理厂的必要，所以可持续居住区的工作重点应放在垃圾的分类和运输方面。

可持续居住区的垃圾分类将借鉴比利时、丹麦、加拿大等国家的分类收集方法，即采用家庭分类后直接送到回收利用地方另行收集的做法。高层建筑中，每个楼层都设有专门的垃圾贮藏室，贮藏室中根据垃圾种类放置两个以上的垃圾箱，低层建筑将在建筑物的附近、底层或地下室设置垃圾贮藏室，在居住区中的商业或集中休闲区周边设置分类垃圾箱。每户居民按照垃圾特性将垃圾分类袋装，送入专门的垃圾贮藏室(箱)。

经过分类收集的生活垃圾也将有两种处置方案。对于可以通过生物降解的部分，建议居住区根据自身设计规模，设置小型生活垃圾处理器，这部分生活垃圾可经过堆肥处理后产生一定量的有机肥料，肥料又可用于居住区绿化；对于不可降解的生活垃

第二章 生态技术在居住区的应用

圾，由环卫工人装入垃圾车，垃圾车的清理频率一般按照日收日清，即每日收集一次，按照收集路线进行收集，再送至垃圾堆场或转运站。

居民的日常生活每天会产生很多垃圾，这些垃圾如果不加以科学回收和有效处理，会对环境造成很大污染。

目前，我国处理垃圾的基本方法主要有以下四种：一是填埋法，即找块空地，把垃圾掩埋起来；二是焚烧法，即将垃圾分类之后，送入焚化炉里燃烧；三是积肥法，即把垃圾堆叠起来，使废弃物的纤维质和有机质腐化，变成肥料来改良土壤；四是回收再利用法，即通过垃圾的分类回收，对其中可以再利用的部分进行适当处理后加以循环利用。相比而言，填埋法对环境破坏最大，而回收再利用经济效益最大。如废钢铁的含铁量高达90%以上，远高于铁矿石，回收利用后可省去多种步骤，节省大量资金。目前，我国废弃物的处理率还不到13%，综合利用率仅为34.3%，与发达国家相比还有很大差距。

以往，我国的垃圾处理主要以填埋为主，而垃圾在土地中自然降解的时间非常漫长，少则几个月，多则上千年，对环境污染比较大。如果把垃圾回收再利用，将大大缓解垃圾对环境的危害。垃圾回收再利用有三种基本方法：一是直接回用，如啤酒瓶、酱油瓶；二是循环利用，如纸、塑料、金属、玻璃；三是综合利用，如堆肥、发电。

我国首座全方位的绿色生态小区——北京市北潞春小区建有自己的垃圾处理站，装备了再燃式多用焚烧炉，采用先进的悬浮燃烧技术使垃圾减量99%（超过了我国减量95%目标），剩下的1%无害灰渣可以回撒土地。燃烧产生的热能可以提供热水，供物业管理人员洗澡。燃烧产生的气体排放物经国家环保检测部门测定远低于国家标准限定值。

目前，我国居住小区有条件对垃圾进行独立处理的还很少，一般只做到设置小区中转站及各组团收集点对垃圾进行分类回收，再通过市政垃圾处理设施进行填埋、焚烧或二次利用。2003年，辽宁省环保局决定在全省21家社区试行垃圾分类收集，沈阳万科花园新城是首个试点新区。该社区内的垃圾回收箱共分为"可回收"、"不可回收"、"有毒有害"3种，箱体上印有分类提示文字，每个可回收和不可回收箱为一组，居民楼每个单元门前设置一组回收箱，共设256个，社区主要出入口和社区活动场所设置8个有毒有害垃圾回收箱。可回收垃圾定期转卖给废品收购站，所得收入用于制作可回收垃圾袋免费发给居民；有毒有害垃圾送到市废物处置中心处理。

可持续性并不仅仅只是收集可循环的垃圾，它还包括通过创新性地使用垃圾来减少自然资源的耗费，这便是城市可持续性的第四条原则，该法则是城市地区在经济贸易体系中扮演的重要角色。前三条法则是所有的可持续发展共有的，而第四条法则是城市从自身获得的，环境效能已经开始配合供求。环保消费产品、垃圾再循环、公共交通等只有在其能够找到市场时才能够实施，而其主要市场则正是存在于城市。即便是位于乡村中心的最坚定的生态社区，也会发现，要冶炼其废弃的铝或玻璃，或者将其废纸打浆并重复利用是一件非常困难的事。要想运行一个高效的公交系统或者制造出节能灯泡也绝非易事。这些行为需要那些只有城市才能提供的市场。因此，作为贸易的自然中心，城市地区有一个重要的角色需要扮演，那就是促进更多的资源消耗和废物再生的循环系统。

二、污水排放、处理

我国水资源形势十分严峻，一方面人均水资源量仅为世界平均水平的 1/4，而且分布极为不均，如占全国国土面积 2/3 的北方地区，其水资源量却仅为全国的 1/5；另一方面水资源污染严重，全国年排污水量 350 亿 m^3，城市污水集中处理率仅为 7%，80% 的污水未经有效处理就排入江河湖海。全国 500 多条河流中已有 80% 因受到不同程度的污染而不能作为饮用水源，水污染进一步加剧了水资源的短缺。

为保护宝贵的水资源，缓解水危机，必须对污水进行有效处理。我国城市居住区污水排放、处理比较常见的方式是：污水排入化粪池，经简单处理后进入市政管网，由城市污水处理厂作进一步处理，化粪池定期清掏，有机质用于肥料。这种做法比较经济但也有以下缺点：一是要求城市污水管网比较完善，对于老城区和管网不发达地区，污水往往直接排入河道，容易造成水源污染；二是加大了城市污水处理的压力。现在中国的城市污水处理能力不足，首要考虑的是工业污水的处理，生活污水的处理设施明显不足。如何在小区内部进行一部分污水处理，减轻市政设施的负担，应是设计者、开发商重点考虑的一项内容。

住宅小区污水处理根据程度可分为一级处理、二级处理和三级处理。一级处理通常指化粪池类型的处理方式；二级处理一般需要采用生化处理设施；三级处理一般指以回用水为目的的深度处理措施。目前，城市居住区大多采用一级处理。

三、空气规划

1. 居住区室外空气质量

空气是开放和流动的，因此居住区的空气质量提高必须依赖于城市及周边区域的宏观调控。汤姆·特纳认为从景观层面，可以采取宏观、中观和微观规模的行动（汤姆·特纳，1998 年）。

（1）宏观：城市热岛效应（Urban Heat Island Effect）是指城市中的气温明显高于外围郊区的现象。大气污染在城市热岛效应中起着相当复杂特殊的作用。严重的地区污染空气像一张厚厚的毯子覆盖在城市上空。为消除城市热岛的影响，应该采取保护政策和管理方法以保护这些城市周围的绿地不被城市占据，并且规划出辐射状的开放空间系统，发挥流通渠道的网络功能，将绿地的新鲜空气引入城市，减少城市热岛的影响。

（2）在中观的气候尺度下，单个居住区的街道和公园都应该根据空气质量进行规划。汤姆·特纳认为，"对开放空间的空气质量要求是随着不同的气候和季节变化的。在炎热干燥的气候里，遮阳的地方非常必要。""步行者需要狭窄的有荫庇的街道，开放空间的使用者需要良好的遮阳。"在炎热湿润的气候条件下，对荫庇的要求也是同等重要的，在潮湿的气候下，户外空间必须根据良好的通风进行规划。在气候温和的地区，冬季需要保暖的地方，而夏季需要能够遮阳的地方，例如南方地区常见的骑楼、走马廊等。

(3) 在微观气候尺度上，主要可通过绿色植被来改善环境小气候。"屋顶可铺上草皮或者其他植物，墙上种植攀附植物。停车场有耐压草皮。次要的公路将被铺上一层绿装，这样它们也将实现多孔渗水和防灰。"

除了景观规划以外，威廉·M·马什认为，"在大多数城市中，有以下五个气候因子会影响到人们的舒适度和健康，它们是空气温度、湿度、太阳辐射、风以及空气的污染程度"（威廉·M·马什，1998年）。马什认为，"以改善过热和空气污染的生活条件为目标时，可通过一下四种气候控制方式：

1）在城市中关键的地方设立遮蔽物以减少夏日的太阳辐射，如人行道、等候处、繁忙的街道处。

2）减少水泥和沥青等铺装材料的比例，增加植被和水体的面积。这样可以提高体积热容积(Volumetric Heat Capacities)以及潜热通量(Latent Heat Flux)，从而降低空气的温度。

3）加强地表的空气流通，便于热量和污染空气的扩散。

4）降低污染物排放量，提高空气流通速率，对点状污染源进行定位，减少其对人口密集区的影响。"

2. 居住区室内空气质量

室内空气质量与人们的健康息息相关。建筑建造和装修过程中往往会产生一些有毒气体，对人体健康造成危害。如甲醛能导致嗅觉异常、刺激、过敏、肺功能异常、肝功能异常及免疫功能异常等；苯具有血液毒性、遗传毒性和致癌性；氨对人体的上呼吸道有刺激和腐蚀作用，会减弱人体对疾病的抵抗力；挥发性有机化合物（TVOC）能影响人体的感官效应和超敏感效应；氡长期吸入可诱发肺癌等。因此，必须采取有效措施保障住宅室内空气质量。

要保障住宅室内空气质量，可以采取以下三方面措施：

(1) 抓好装修环节。首先，在装修中使用无毒、无害、无污染的绿色环保建材，选择正规的有资质的装饰公司，购买家具时选择有信誉的厂家的产品；其次，装修完成后，不要急于入住，最好先找室内环境监测部门进行检测，听取专家的意见，选择合适的入住时间。

(2) 使用空气净化装置。根据居室、厨房、卫生间的不同污染物选用具有不同功能的空气净化装置，如空气净化器、吸油烟机、臭氧消毒器等可有效净化室内空气，保障人体健康。

(3) 加强室内通风。不仅建筑材料和家具会在使用过程中排放一些有害气体，生活在其中的人体以及燃料燃烧也在不断产生废气，因此充分利用自然通风和机械通风，及时排走污浊空气，补充新鲜空气，是长期保持人体健康的必要条件。

3. 居住区室内热舒适

人的一生大部分时间在室内度过，室内环境包括温度、湿度等气象条件对人的生活和健康影响很大，因此，创造一个舒适的环境十分重要。

据有关资料统计，热舒适的范围是：冬天温度18～25℃，相对湿度30%～80%；夏天温度23～28℃，相对湿度30%～60%，风速在0.1～0.7m/s。对于装有空调的室内，室温一般宜为 19~25℃，相对湿度 40%~50% 时最合适。

为了创造舒适、稳定的室内环境，使住宅温湿度控制在一个适宜的范围，往往需要耗费大量能源加以调节，譬如夏季的空调制冷和冬季的供热采暖。我国北方的严寒和寒冷地区是法定的采暖地区，住宅中设有集中或分散的采暖设备，为了达到《住宅设计规范》中对设置集中采暖系统的普通住宅的室内采暖计算温度的规定，厨房为15℃，其他房间为 18℃，采暖居住建筑每年要消耗掉数量惊人的燃料。

如今，一些新建的住宅小区借鉴国际上的先进做法，有效降低了采暖能耗，达到了节约能源的目的。如北京锋尚国际公寓和 MOMA 国际公寓加强了被动式围护结构的设计，100mm 厚的聚苯板外保温层加上金属镀膜 Low-E 中空玻璃有效提高了墙体和窗的保温隔热性能，增强了建筑的热惰性。此外，公寓采用了顶棚辐射采暖制冷系统和全置换式新风系统，对室内温湿度进行自动调节，使其始终保持在 20~26℃ 和 40%~50% 湿度的舒适水平。该系统无气流感、无噪声，能耗仅为一般建筑的一半左右，高效节能。

四、隔声降噪

人如果长期在噪声下生活，会导致听力下降、血压升高及心血管、神经、肠胃等系统方面的疾病；而隔声效果不好，也会影响生活起居的私密性，给人带来精神压力和心理负担。因此，做好隔声降噪，对保障人们的健康和生活质量很有必要。

我国《住宅设计规范》GB 50096—1999 中规定，住宅的卧室、起居室(厅)内的允许噪声级(A 声级)昼间应小于或等于 50dB，夜间应小于或等于 40dB，分户墙与楼板的空气声的计权隔声量应大于或等于 40dB，楼板的计权标准化撞击声压级宜小于或等于 75dB。

目前，对城市居住区影响较大的是两种噪声源：城市噪声和生活噪声。对于前者，最常见的做法是利用建筑对城市道路的退让距离，在其中种植高大乔木与低矮灌木，形成噪声隔离带，减少对居民的影响。对于后者，则需要通过建筑构造方面的措施来加强隔声。

近年来，轻质隔墙的推广使用，使墙体隔声性能普遍比传统的黏土砖墙差；而在钢筋混凝土楼板上直接做刚性地面，也使得楼板对撞击声隔绝的效果达不到标准要求。因此，实际上，有不少住宅达不到规范中的要求。

为了加强分户墙和楼板的隔声，可以采取以下技术措施：

1. 空气声的隔绝问题

遵循"质量定律"，围护结构面密度越大，隔声效果就越好。因此，在主体结构允许的情况下，宜尽量利用承重墙作为分户墙。如果分户墙属于填充墙，可选用陶粒混凝土或密度大的增强石膏砌块等。同时，应注意墙中的管路与嵌槽，不得出现贯通现象。

2. 楼板撞击声的干扰问题

可采用浮筑楼面，即在承重楼板上铺设弹性垫层，上面做配筋的混凝土楼面层。这样，混凝土楼面层(作为质量)就和弹性垫层(类似弹簧)构成一个隔振系统，面层质量越大，垫层弹性越好，则隔声效果越好。北京奥林匹克花园（一期）采用挤塑聚苯乙烯板，北京金地格林小镇采用重密度玻璃棉作为垫层，均取得了良好的效果。

另外，在装修过程中采用良好的吸声、隔声材料，如墙体软包、铺设地毯等，也可以改善隔声质量。

第二节　居住区可再生资源的利用技术

居住区可再生资源的利用技术，第一步是要减少系统中在邻里社区所消耗的资源和能源。维持它们只能够通过对热能、水和电能的需要降低到住宅自己就能提供的最小限度来实现住宅的自主。城市邻里社区却永远不会将其能源投入降低到当地能够提供的水平，即输入量的减少则必然是任何可持续政策的出发点。

一、水资源综合利用

1. 居住区建筑水环境系统规划

居住区水资源综合利用包括中水回用和雨水利用两个方面。对居住区而言，在方案、规划阶段，除涉及建筑室内水资源利用、给水排水系统外，还涉及室外雨、污水的收集排放、再生水利用以及绿化、景观用水等与城市宏观水环境直接相关的问题。应结合城市水环境专项规划和城市节水规划以及当地水资源状况，考虑建筑周边环境，对建筑水环境进行统筹规划。因此，在进行居住区规划设计前应结合区域的给水排水、水资源、气候特点等客观环境状况对建筑水环境进行系统规划，制定水系统规划方案，增加水资源循环利用率，减少市政供水量和污水排放量。

水系统规划方案包括：

（1）用水定额的确定、用水总量估算及水量平衡、给水排水系统设计、节水器具选型、污水处理、雨水和再生水利用等内容。根据所在地区水资源环境状况和气候特征的不同，水资源规划方案涉及的内容可能有所不同。如不缺水地区，不一定考虑污水再生利用或雨水收集利用的内容。但是，根据市政给水排水管网系统的情况及周边受纳水体的水环境容量和考虑城市雨洪调节功能，必须限排时，也要考虑雨水收集利用污水再生利用问题。因此，水资源规划方案的具体内容要因地制宜，但必须执行《建筑与小区雨水利用工程技术规范》GB 50400—2006 的规定和《建筑给水排水设计规范》GB 50015 的规定。

（2）用水定额、水量平衡及用水总量的确定，要从住宅区区域用水整体上来考虑。应参照《城市居民生活用水量标准》GB/T 50331 和区域两型城市制定的其他相关用水标准规定的用水定额，并结合当地经济状况、气候条件、用水习惯和区域水专项规划、节水规划等，根据实际情况科学、合理地确定。

（3）雨水、再生水等水源的利用不仅是重要的节水措施，同时也是节能减排、节水减排、保护水环境、调节城市雨洪功能的重要措施。要根据具体情况进行分析，通过技术经济比较作出合理的选择。

2. 中水回用

"中水"也称为"再生水"、"循环水"或者"用水"，因其水质介于上水与下水之间，所以得名为"中水"。在城市用水中，被人们饮用和直接与人体接触的自来水是很少的，大部分符合饮用标准的自来水被用来冲洗厕所、清洗地面、喷洒街道和绿地，甚至用于建筑工地施工和工厂的冷却水，造成水资源的极大浪费。如果能够充分利用"中水"，就可以节约自来水。

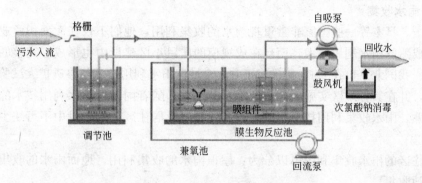

图 2-2 一般中水处理流程图

居住区生活中水一般包括中水水源和处理工艺两个部分。
（1）中水水源
选择中水，应首先选用优质杂排水，一般可按下列顺序取舍：
1）冷却水；2）淋浴排水；3）盥洗排水；4）洗衣排水；5）厨房排水；6）厕所排水。
（2）处理工艺
当以优质杂排水作为中水水源时，可采用以物化处理为主的工艺流程，或采用生物处理和物化处理相结合的工艺流程。当利用生活污水作为中水水源时，可采用二段生物处理，或生物处理与物化处理相结合的处理工艺流程。

有关中水设施的管理按照建设部发布的《城市中水设施管理暂行办法》执行，中水设施的设计按中国工程建设标准化协会编制的《建筑中水设计规范》。

中水在土地中的应用还应该遵循以下注意事项：
1）为防止污水与叶面的直接接触对植物造成的伤害，避免洒水器直接喷洒中水。
2）禁止在饮用水源附近或者与溪流相连的水沟附近使用中水，避免中水流入街道旁边的下水道和阴沟里面。
3）禁止中水灌溉直接使用的蔬菜，但可以用来灌溉水果树的根部。
4）等到污水完全进入渠道地面后，才能进行中水的再次使用。如果条件允许，不同用途的中水通过不同的渠道使用。
5）尽量避免使用中水灌溉喜酸性的植物，如果必须使用中水灌溉这样的植物，应该同时采取相应的 pH 值控制措施。

二、雨水利用

我国大部分地区或城市水资源贫乏，供需矛盾突出，特别是北方城市，降雨多集中在每年的 6～9 月份，易形成径流排走，地下水补给不足，造成缺水。自 20 世纪 80 年代我国开始实行跨地区调水，如引滦济津、引黄济青以及非常著名的南水北调工程

第二章 生态技术在居住区的应用

等。工程投入大，经营成本高，且水质易受到污染。因此，雨水对缺水严重的城市来说，是一种宝贵的资源。在一些发达国家，雨水被称为是一种被消费的水，也就是说雨水不是废水，为此我们要科学合理地利用城市雨水，被抽取消耗的每一滴水都要靠雨水来给养补充。

1. 雨水收集

德国、日本等一些国家非常重视雨水的收集利用，他们不仅在大面积商业开发区积累了成熟的雨水利用技术，而且在成规模的居民小区建设中也形成了完整的雨水利用体系。我国北京市在2000年进行了"北京城区雨水利用技术与渗透扩大试验"项目的研究，并在其各城区实施了雨水利用示范工程。随着国内外雨水利用技术的不断应用和成熟，雨水收集利用技术将成为城市建设以及居住区开发建设中不可缺少的一项内容。

居住区的雨水收集利用可以分为：屋顶雨水的收集利用、地面雨水的收集利用以及渗透池收集。

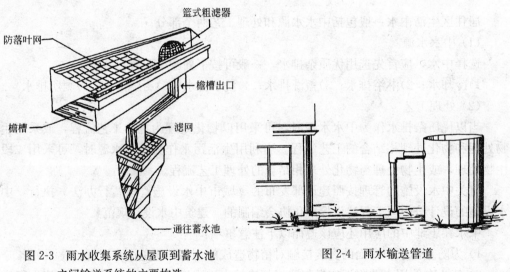

图 2-3　雨水收集系统从屋顶到蓄水池之间输送系统的主要构造　　图 2-4　雨水输送管道

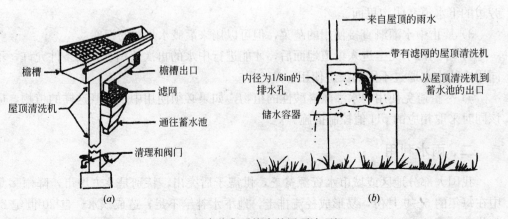

图 2-5　雨水收集系统中的屋顶清理机

居住区屋顶雨水的收集利用过程一般依次为汇集收集、净化处理、收集贮存、分配利用四个阶段。居住区的主要建筑就是各种机构形式的楼房和公用房屋，顶层面积占小区总平面面积的 30%～50%，屋顶雨水具有汇雨快、污染轻的特点。收集来的雨水通过管道系统收集起来，直接可以用来冲洗厕所、养鱼、重复浇灌植物以及入渗补给地下水。

居住区除建筑、绿化、景观面积外，主要为居住区内交通、停车场以及楼间休闲空地，其雨水收集主要采用人工渗透地面。目前，我国居住区常选取多孔沥青地面、多孔混凝土地面、草皮砖等类型的人工渗透地面，特别是草皮砖的选用，增强了地面透水能力，可缓解城市及住区气温逐渐升高和气候干燥状况，降低热岛效应，调节微小气候，增加场地雨水与地下水涵养，改善生态环境及强化天然降水的地下渗透能力，补充地下水量，减少因地下水位下降造成的地面下陷，减轻排水系统负荷以及减少雨水的尖峰径流量，改善排水状况。透水地面包括自然裸露地面、公共绿地、绿化地面和镂空面积大于等于 40% 的镂空铺地（如植草砖）。透水地面面积比指透水地面面积占室外地面总面积的比例。

除此之外，渗透池也是国内外居住区常常选取的一种雨水收集方式。根据受水方式，可以有两种形式即地面渗透池和地下渗透池。其中，地面渗透池要结合整个居住区的景观布设，可以有效地提高整个居住区的景观多样性，增加整体美感；地下渗透池多建在居住区的地面空地，因此可选取的种类多样、形状各异，可根据建设点的选择因地制宜。

对于污水和雨水的处理，除了达标以外要着重对污泥的综合利用，减少出泥量，扩大复用水资源以利节约。景观水是指池水、流水、喷水和涌水等，规定为流动水循环使用，由循环水的净化装置，使改造的地表水、雨水和污水的水质标准符合要求。

2. 暴雨水管理

城市化带来的土地利用变化导致的一个最为严重的问题就是到达溪流和河流的径流的速度和数量的变化。城市化使地表径流量增加，也会使洪峰频率和流量大幅度增加。这种变化的后果无论在经济上还是环境上都是相当严重的，如由洪水导致的财产损失增加、水质恶化、河道侵蚀加快和栖息地退化（威廉·M·马什，1998 年）。

从水文学角度来看，地表径流量和径流速度增加的原因归结为两个因素的变化：由于地面清理、采伐和防渗物质在景观中的大幅增加而导致的径流系数剧增；相应的汇流时间的减少。在城市里，渠道被下水管道所取代，小溪送入地下管道，在路边配置了排水沟，所有这些因素的作用，可能使径流时间减少 10 倍之多。这些变化都将导致河流洪峰流量及其发生频率显著增加。

随着住宅及其相关联设施的开发，地面不仅被均衡填平，而且常常通过地形改造来"提高"排水能力。

住宅区的道路是大多数流域径流增加的原因。这些地区不仅渗透率较低，而且道路及其附属排水设施提高了排水网络的密度并把其他的一些径流量较弱的地区也联系在一起。这些地区本来应该拥有较低的径流效率，但由于道路叠加在流域上，流域通过沟道系统连接起来，失去了它们天然的缓洪能力。

总之，不透水铺装在居住区的大范围推广以及所有的硬质路面都通过雨水管道与河道相连，原有景观中存在的地表径流也最终消失。

为了减少雨水特别是暴雨水所带来的洪涝等环境问题，必须对暴雨水进行管理，一般采用以下三个策略（威廉·M·马什，1998年）：

(1) 将多余的水储存在场地或其附近地方，使其在较长时间内缓缓释放。

(2) 和开发之前一样，将多余的水渗入地下。

(3) 合理规划开发使地表径流不会显著增加。其中第一个是广泛使用的策略，又称为"管道与池塘"系统。这种系统首先将暴雨水导入一片滞留洼地（池塘），然后十分缓慢地将雨水释放出去，因而能够有效地减少高峰水流量。

3. 排水最佳规划模式（BMP）

BMP 是指为了预防或减少土地开发利用对环境造成的负面影响而采取的一系列措施与方法（这里主要指对暴雨水的处理）。

通过流域规划的 BMP 规划，选择适合的排水密度，充分利用自然方式排水；利用草地、林地渗透，透水铺装和洼地存储等预防措施，对暴雨水进行截留和渗透，阻断暴雨水原地与流域排水系统的连接。减少地表径流，控制水源场地，而不是在邻域或更大尺度上解决暴雨水。BMP 规划应该在开发前进行，包括以下步骤：制定流域规划和场地设计模型，确定可建设的土地单元；将土地单元与 BMP 实施机会相联系；不透水覆盖面积最大化。从已有的排水系统中分离出不透水地块；提供现场滞留、渗透暴雨水的场所；减少现场暴雨水的产生和排放；计算暴雨设计在开发前和开发后的流量变化，将过多的暴雨水疏导入场地上或附近的生物物理设施中，控制不超过其荷载能力。

4. 低冲击开发模式

由于城市高速发展和扩张，BMP 管理模式已经不能消除环境造成的强烈影响，因此，美国在此基础上提出了城市暴雨管理新概念——低冲击开发模式（Low Impactment Development）。这种低冲击开发模式是从源头进行降雨径流污染的控制和管理，其基本原理是通过分散的，小规模的源头控制机制来达到对暴雨所产生的径流和污染物的控制，并综合采用入渗、过滤、蒸发和蓄流等多种方式来减少径流排水量，使开发后城市的水文功能尽可能接近开发之前的状况。

LID 在不同的气候条件，不同的地区，其处理效果也有所不同，但是根据目前的实验资料可知：LID 可以减少约 30%～99%的暴雨径流并延迟大约 5～20 分钟的暴雨径流峰值；还可有效地去除雨水径流中的磷、油脂、氮、重金属等污染物，并具有中和酸雨的效果，是可持续发展技术的核心之一。

LID 策略的实施包含两种措施，即结构性措施和非结构性措施。结构性措施，包含湿地、生物滞留池（Bioretention Devices）、雨水收集槽、植被过滤带、塘、洼地等。非结构性措施，包括街道和建筑的合理布局，如已增大的植被面积和可透水路面的面积。

5. 雨水径流管理控制模式

尽管人们普遍接受了 BMP 和 LID 的概念和方法，但在实际管理中的应用推广却一直很缓慢，这主要是由于缺乏行之有效的径流调节工程设计和评估工具，人们无法科学地设计调节工程中各种措施的实施范围，无法科学评估各种措施实施后的效果以及对排水系统的影响。因此，深圳市规划局陈立新等人提出应加快制定适合我国城市发展的雨水径流管理控制模式的构想。

（1）水环境治理应标本兼治

治理雨水污染，不仅需要重视处理工艺，更要控制各类污染源，改变"雨污分流"的传统模式，对城市雨水处理实现从终端治理到源头治理的转变，从污染物的单一治理到综合治理的转变，从大规模集中治理到小规模分散治理的转变，从而全面控制和管理城市雨水径流带来的污染问题。

（2）建立典型的评估模型

对城市雨水径流控制和管理模式进行功能化的连接，利用典型的评估模型对雨洪的管理模式的位置、方法进行测算分析，对其去除的效果进行量化地计算，对成本效益进行综合分析，最后得出适合城市发展的雨洪利用管理模式。

（3）因地制宜，选择适合的管理模式

鉴于我国降雨径流污染的严重性，今后应重点加强降雨径流污染的理论研究，了解降雨径流污染物的迁移转化规律，并借鉴国外发达国家降雨径流污染的控制和管理方面的经验，结合我国实际情况，对降雨径流污染的控制进行量化，最终提出切实可行、经济实用的控制管理技术、方法，更好地推动绿色城市、生态城市、和谐城市的建设和发展。

三、太阳能

1. 太阳辐射的建筑设计策略

主要包括两个技术：日晷和太阳轨迹图。

（1）日晷图可以用来评价所有场地的影响和各种建筑组团的效果以及日照进入建筑的范围和这样装置的功效。通过日晷图与模型的结合使用，以模拟太阳和阴影在全天和全年中的位置变化。

（2）太阳轨迹图。在现有场地中的物体已经测绘出来的情况下，可以确定一块具体的场地在一年内可以照射到阳光的日期和时间。

2. 采光与日照

我国《城市居住区规划设计规范》GB 50180—93 中给出了关于住宅建筑日照标准的强制性规定，标准中采用了日照时数这个衡量尺度。日照时数是指在规定的有效日照时间带内接受满窗日照的小时数。《住宅设计规范》GB 50096—1999 作出了进一步规定：每套住宅至少应有一个居住空间能获得日照，当一套住宅中居住空间总数超过四个时，其中宜有两个获得日照。获得日照的居住空间，其日照标准应符合《城市居住区规划设计规范》GB 50180—93 的相关规定。

为了贯彻日照标准，我国各地根据不同的气候条件，提出了相应的住宅日照间距要求。根据日照计算，我国大部分城市的日照间距约为 1~1.7 倍前排房屋高度。一般越往南的地区日照间距越小，往北则越大，如北京新建住宅的日照间距系数为1.7，而宁波则为1.2(限于多层住宅)。为了更精确地计算日照遮挡情况，许多城市的规划管理部门引进并使用了计算机日照分析软件。

采光方面，国际上通用以"采光系数"作为采光的标准。采光系数是指在室内给定平面上的一点，直接或间接地接收天空漫射光而产生的照度与同一时刻该天空半球在室外无遮挡水平面上产生的天空漫射光照度之比。《住宅设计规范》GB 50096—1999在参考了国际标准并结合了我国光气候特点之后，给出了居住建筑采光系数标准值。为了方便实施，同时对采光、通风和热维护等诸多因素进行权衡，规范中给出了窗地面积比(窗洞口面积与地面面积之比)作为简化指标。

需要注意的是，国家规范中给出的日照标准是最低标准，是权衡了日照得益和节约用地之间的矛盾后的折中方案，不是舒适性标准，而采光标准中窗地面积比的提出也没有考虑户外遮挡的情况，满足了窗地面积比并不一定能满足采光系数。因此，在采光与日照方面如何切实保障居民的舒适与健康还需要进一步探讨。

3. 太阳能利用

目前太阳能的利用技术已是当今世界各国索取新能源和利用新能源，进行节能、环保的重要研究项目之一。作为可再生能源，太阳能早已引起了我们建筑师的关注。对于这种绿色能源，我们的使用方式主要有太阳能发电、太阳能照明、太阳能制冷和太阳能热利用。

（1）太阳能发电

集热板和发电装置与屋面相结合。这一技术将结合居住区建筑的屋顶进行统一设计。该方法是在建筑物顶部大规模铺设太阳能集热板和发电装置，既节省电力，又利于环保。建成太阳能综合利用建筑物，能够利用太阳能供电、供热、供冷、照明。美国、德国、日本、意大利等国家都已建成这种充分利用太阳能资源的示范建筑物，即利用太阳能集热器与风机、泵、散热器及太阳能电池等相关的建筑材料，为建筑物提供全方位的服务，如采暖、空调、照明和用电，使房屋建筑对一次性使用的能源实现"零消耗"。

（2）太阳能照明技术

太阳能照明技术可广泛应用于居住区路灯照明和地下室、车库照明，利用导光技术来完成白天室内主要活动场所的照明，利用高节能的LED面光源或点光源实现室内的夜间照明。太阳能室外灯具还实现了夜间道路、广场以及广告的照明，既可节约能源，又能美化环境。

（3）太阳能制冷

一般来说，太阳能制冷有两种方式：一是通过太阳能集热器将太阳能转换成热能，驱动吸附式或吸收式制冷机；二是将太阳能光电池转换成电能，驱动常规电冰箱制冷。比较以上两种方式，利用热能制冷具有造价低、运行费用低和结构简单的特点，特别适用于中小城镇居住区和农村住区使用。

国内外研究的重点选择了第一种方式，主要是从以下三个方面进行，即太阳能吸收式制冷、太阳能吸附式制冷和太阳能喷射式制冷。

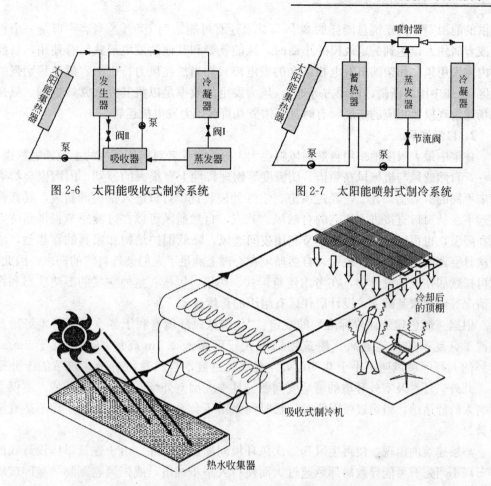

图 2-6　太阳能吸收式制冷系统　　　　图 2-7　太阳能喷射式制冷系统

图 2-8　德国杜伊斯堡办公建筑中使用的太阳能制冷设备

(4) 太阳能热利用

太阳能热利用已经发展成为一项成熟、可靠的技术，原理主要是通过高效集热装置来收集获取太阳能，然后以水为热媒将热量送入建筑内部。国外目前已经开发出各种类型的太阳能热水系统，这些系统根据不同的需要和全球的气象条件进行有效调整。

根据我国国情，结合当地的气候特征，在居住区设计和建筑过程中可引用德国、英国的先进技术来提高太阳能的使用率。同时，通过建筑师的设计，增加居住区房屋的采光，又可以有效地减少电能的使用。

四、风能

建筑界目前对风能的利用主要在两个方面，即风能发电和住宅的自然通风。

1. 风能发电

风能发电是国内外最常见的风能利用形式。根据服务的对象（用电户）的多少，风能发电采取不同的形式。对于较小的客户群，比如距离集中生活区较偏远的一户或几户，建议采用独立运作形式，这种形式通常采用蓄电池蓄能，以保障无风或是风力较小时用户的电源提供。科学家近期公布了一种高效率风能建筑设计方案，预计由风力提供的能源至少占建筑总能耗的20%，甚至还有可能达到100%。当客户群是一个村庄或者居住人口达到一定规模的小岛时，风能就要和其他的发电形式结合使用，目前国内多采用风能和柴油机发电相结合的发电模式。当然在风力特别大、风速特别强的地区（比如中国的新疆、内蒙古等地），风力发电的效率足以将其并入常规电网，只是风场建设规模要相应的拓展，有时甚至需要几百台风力发电机运转。

2. 自然通风

住宅中最大限度地采用自然通风将会大大提高居住者对居住环境的主观满意程度。其一，自然通风与机械风在频谱、湍流度等物理特性上有很大的差别，因而也会给人带来不同的舒适感。其二，经过风道、空气处理装置、封口进入室内的新风，其新鲜度远不及从窗口直接进入住宅的自然风。其三，自然通风可以在过渡季节提供新鲜空气和降温，也可以在空调供冷季节利用夜间通风，降低围护结构和家具的蓄热量，减少次日空调的启动负荷。最后，自然通风在心理上满足了人们亲近自然的需求。因此，在可持续居住区的设计中，在考虑建筑形式、热压、风压、室外空气的湿热状态和污染情况等诸因素基础上，设计居住区有组织的自然通风。

根据《绿色建筑评价标准》的规定："住宅区风环境有利于冬季室外行走舒适及过渡季、夏季的自然通风。建筑物周围人行区距地 1.5m 高度的风速低于 5m/s，80% 的人行区域风速不小于 0.5m/s。"夏季、过渡季自然通风对于建筑节能十分重要，此外，还涉及室外环境的舒适度问题。夏季大型室外场所恶劣的热环境，不仅会影响人的舒适感，当超过极限值时，长时间停留还会引发高比例人群的生理不适直至中暑。

高层建筑的出现，使再生风和二次风环境问题逐渐凸显。由于建筑单体设计和群体布局不当，有可能导致局部风速过大而使行人举步维艰，或强风卷刮物体撞碎玻璃等的事例很多。研究结果表明，建筑物周围人行区距地 1.5m 高处风速 $v<5m/s$ 是不影响人们正常室外活动的基本要求。此外，通风不畅也会严重地阻碍空气的流动，在某些区域形成无风区或涡旋区，这对于室外散热和污染物消散是非常不利的，因此，规定 80% 的人行区风速 $v>0.5m/s$。以冬季作为主要评价季节，是由于对多数城市而言，冬季风速约为 5m/s 的情况较多。

五、地热

地热作为新清洁能源的一个重要组成部分，其开发与利用对实现建筑、环境及社会的可持续发展具有重大的意义。在目前条件下，政府部门通过相应的政策，大力提倡热能在建筑中的利用，在缓解能源供需平衡、改善生态环境方面将发挥重大的作用。本着节能、环保的原则，结合地热的特性，将其引入到可持续发展的居住区设计中来。目前，地热在建筑中的应用主要有三种形式，即地热直接应用、地热间接应用以及地热发电三个方面。

当居住区地下能源的品味较低，直接利用时的温度范围不能满足居住区采暖空调要求时，只能通过其他方式间接利用地热。目前常采用地缘热泵和地热发电两种方式，地缘热泵具有节能性和环境友好性，地热发电的经济投资较收益高，图 2-9 给出了地源热泵结构原理示意图。

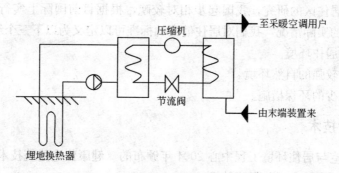

图 2-9　地源热泵结构原理示意图

第三节　居住健康保障技术

从国内外居住区的发展来看，居住区对人的健康影响越来越大，同时人们对居住健康的关注也日趋强烈。居住健康问题可以归结为两大类，即显性问题和隐性问题。显性问题主要包括装修选材、建筑选材、通风设备不当导致的甲醇等有害物质超标，隔声不良等原因造成的声干扰、光污染等。而隐性问题则指的是一些隐性的潜在的居住对人体构成的危害，而且这些危害多通过心理的影响再影响到人的生理健康。

一、居住健康标准

世界卫生组织（WHO）针对居住健康提出了 15 条标准，具体标准如下：
1. 会引起过敏症的化学物质的浓度很低。
2. 为满足第一点的要求，尽可能不使用易散化学物质的胶合板、墙体装修材料等。
3. 设有换气性能良好的换气设备，能将室内污染物质排至室外，特别是对高气密性、高隔热性建筑来说，必须采用具有封闭的中央换气系统，进行定时换气。
4. 在厨房灶具或吸烟处要设局部换气设备。
5. 起居室、卧室、厨房、厕所、走廊、浴室等温度要全年保持在 17~27℃ 之间。
6. 室内的湿度全年保持在 40%~70% 之间。
7. 二氧化碳要低于 1000ppm。
8. 悬浮粉尘的浓度要低于 $0.15mg/m^2$。
9. 噪声要小于 50dB。
10. 一天的日照确保在 3 小时以上。
11. 设有足够亮度的照明设备。
12. 住宅具有足够的抗自然灾害的能力。
13. 具有足够的人均建筑面积，并确保私密性。
14. 住宅要便于护理老龄者和残疾人。
15. 因建筑材料中含有有害挥发性有机物质，所有住宅竣工后要隔一段时间才能入住，在此期间要进行换气。

对于健康居住区的研究，我国起步相对较晚，根据目前国际上实行的健康住宅标准，结合国内的实际情况，我们对居住健康的标准可以定义为以下三个组成部分：

1. 健康的居住环境。
2. 亲和力较强的自然环境。
3. 必不可少的环保措施。

二、保障技术

在国家住宅与居住环境工程中心 2004 年颁布的《健康住宅建筑技术要点》的基础上，本书提出以下几条居住保障技术：

1. 建设用地应选择在适宜健康居住的地区，具有适合建设的工程地质和水文地质条件，远离污染源。合理组织住区内部动静交通，设置足够的停车位。建设连续贯通的步行通道和无障碍设施。住区环境设计应为邻里交往创造不同层次的交往空间。

2. 套型设计应以居住生活行为规律为准则，合理安排各种功能空间，保证私密性，预留适当的交往空间。宜采用大开间结构、竖向干管集中外移、横向支管不穿楼板等技术。

3. 住区空气质量标准应符合表 2-1 的规定，室内空气质量标准应符合表 2-2 的规定，居住空间应能自然通风。厨房、卫生间应具有良好的通风换气条件。推行住宅装修一次到位，严格控制装修污染。

住区空气质量标准　　　　　　　　　　　表 2-1

参　数	单　位	标准值	备　注
二氧化硫	mg/m^3	≤0.05	日平均值
一氧化碳	mg/m^3	≤4.00	日平均值
二氧化氮	mg/m^3	≤0.08	日平均值
臭氧	mg/m^3	≤0.12	1h 平均值
总悬浮颗粒物	mg/m^3	≤0.12	日平均值
可吸入颗粒物	mg/m^3	≤0.05	日平均值

室内空气质量标准　　　　　　　　　　　表 2-2

参　数	单　位	标准值	备　注
二氧化硫	mg/m^3	≤0.50	1h 平均值
二氧化氮	mg/m^3	≤0.24	1h 平均值
一氧化碳	mg/m^3	≤10	1h 平均值
二氧化碳	%	≤0.10	日平均值
氨	mg/m^3	≤0.20	1h 平均值
臭氧	mg/m^3	≤0.16	1h 平均值
甲醛	mg/m^3	≤0.10	1h 平均值

续表

参数	单位	标准值	备注
苯	mg/m³	≤0.11	1h平均值
甲苯	mg/m³	≤0.20	1h平均值
二甲苯	mg/m³	≤0.20	1h平均值
苯并[a]芘	ng/m³	≤1.0	日平均值
可吸入颗粒物	mg/m³	≤0.15	日平均值
总挥发性有机物	mg/m³	≤0.60	8h平均值
氡	Bq/m³	≤400	年平均值

4. 住宅室内温度和相对湿度应符合表2-3的规定。建立外围护结构保温隔热技术体系，其保温隔热性能应符合相应区域的国家节能设计标准要求。积极利用太阳能、地热、风能等可再生能源。

室内温度和相对湿度标准　　　　　　　　　　　　　　　　　表2-3

参数	单位	标准值	备注
温度	℃	24~28	夏季制冷
		18~22	冬季采暖
相对湿度	%	≤70	夏季制冷
		≥30	冬季采暖

5. 应做好住区防噪规划，集中布置住区内高噪声源，设计缓冲带、隔离带，居住区室内（外）声环境执行《区域噪声执行标准》GB 3096—93中相关规定。

6. 住宅日照标准应符合表2-4的规定，每套住宅至少有一间居室，四居室以上户型至少有两间居室达到日照标准。

住宅日照标准　　　　　　　　　　　　　　　　　表2-4

建筑气候区号和城市类型	Ⅰ、Ⅱ、Ⅲ、Ⅶ气候区		Ⅳ气候区		Ⅴ与Ⅵ气候区
	大城市	中小城市	大城市	中小城市	
日照标准日	大寒日			冬至日	
日照时数(h)	≥2	≥3		≥1	
有效日照时间带(h)	8~16			9~15	
计算起点	住宅底层窗台面				

7. 住区内应建立完善的供水系统，生活饮用水水质标准符合《城市综合用水水量标准》。中水水质标准应符合《再生水水质标准》（试推行）。住区排水系统应实行雨污分流。

8. 住区绿地率应大于35%，绿地地形应有利于植物生长和排水。植物种类选择应适地适种。住区建设应科学合理地利用基地及其周边自然条件。

9. 多层住宅不应设垃圾道，高层住宅不宜设垃圾道，宜在每层设易清洗的垃圾收集间。住区垃圾房应隐蔽、密闭，保证垃圾不外漏，且有风道或排风设施及冲洗、排水设施。垃圾处置宜压缩外运，有机垃圾宜采用生化处理技术。

第四节 居住区土地资源的集约化利用

居住区内的最重要的不可再生资源是土地，它直接决定居住区投资规模，左右投资者的投资意愿。对于一个居住人口规模一定的居住区，投资者(不论是政府还是个人)希望尽可能地减少土地资源的使用量，这一点也符合可持续发展原则的初衷。通过研究国内外成功的生态小区(同本书中所提到的可持续居住区具有相似的理念)，发现单单依靠提升楼房的高度、减少人均占地面积，已经不再是建筑规划的重心所在，特别是在当前人均国土资源面积较大的国家，基本上已经没有太大的市场了。

一、土地承载力与土地适宜性

土壤科学家把土地承载力定义为：根据土地的潜在用途和对于可持续利用的不同要求，将多种不同类的土壤合成特定的单元、亚类和类。

二、土地的集约化开发

集约用地，就是通过整合、流转、置换和储备，合理安排土地投放的数量、节奏，改善用地结构、布局，挖掘用地潜力，使每宗建设用地都最大限度地提高投入产出比例，符合投资强度，提高土地配置和利用效率，提高土地利用的集约化程度。

集约用地的目的在于挖掘土地利用潜力，节约宝贵的土地资源。从土地管理的角度，各地各部门要转变不合理的土地利用方式，改高投入、高消耗、低效率为低投入、低消耗、高产出，改粗放利用土地、经济外延增长为集约利用土地，走内涵式挖潜的道路，充分发挥土地资源的资产效益。

居住区集约式土地开发包括以下策略：

1. 在城市规划中打破现有功能分区的局限，而采用混合聚居模式，将科研、办公、居住、商业、餐饮、休闲等功能有机聚合，实现居住区居民就近就业，日常生活都能在步行距离内解决，可最大限度地缩短居住区居民的通勤成本，也可减少交通出行需求以及相应的道路面积，是土地节约利用的最佳途径。例如，在理查德·罗杰斯的上海浦东紧凑型城市方案中，出入交通主要由公共交通来解决。强调多种活动的混合以及强调公共交通的做法，可减少所需小汽车交通量的60%，也相应减少60%的道路面积。

2. 合理开发利用地下空间。对于地下空间合理性的判断，应根据建筑区位、场地条件、建筑结构类型、建筑功能四项因素进行综合判断。还应注意的是，利用地下空间应结合当地实际情况(如地下水位的高低等)，处理好地下室入口与地面的有机联系以及通风、防火、防水等问题。

3. 在建设过程中应尽可能维持原有场地的地形地貌，这样既可以减少用于场地平整所带来建设投资的增加，减少施工的工程量，也避免了因场地建设对原有生态环境景观的破坏。

4. 针对中国目前的国情，合理地控制楼房间距，适当地增高楼层高度也是主要的节约土地的方式。

5. 通过生态的方法提高土地的有效利用率。借鉴日本住宅区设计中涉及的生态技术，可以将其归纳为：

（1）根据居住区选择地地形，选择适宜的施工方法和建筑布局。

（2）选用新的桩施工方法减少建筑余土量。

（3）居住区中停车场、道路的铺面，要求使用透水性材料。

（4）在设计道路较集中的地方集中设置一个停车场或是在设计住宅地下停车场，联系停车场和道路之间的面积控制在最小范围。

（5）在住宅屋顶上覆土种草，一方面提高了住宅的隔热性，另一方面增加了住宅区的整体绿化率。

（6）住宅设计中采用向心性且具有多功能室的紧凑平面布局，尽可能地减少走廊面积。

三、褐色土地资源的利用

随着工业和制造业活动衰落或往城市中心以外地区迁移而出现的很多废弃的工业用地，美国人称之为"褐色土地"。褐色土地一部分是由于"受到工业和其他开发的极大破坏，以至于不作处置就不能对其进行有利使用"的城市被遗弃土地，还有另外一些被闲置的城市土地，包括空置商业空间、停车场、低密度的住宅区等。当老的工业活动变成过去时，废弃不用的土地的存在对社区和投资者都有负面影响，抑制了城市处理经济过渡的能力。物质的衰变，污染或觉察到的受污染的风险，和缺乏维护或现代化，都危及重新利用且降低了对这些被遗弃用地的需求。

因此，对褐色土地资源的利用，首先需要对褐色地带的环境进行整治，以缓解城市地区和绿地的压力，降低污染成本，提高能源利用和自然资源效率，促进经济多样性，满足新出现的住区需求。褐色地带的重新开发，既可以通过改作住宅、商业或娱乐设施用地予以实现，又可以以小一些的地块作单功能用地予以实现，甚或作为其他某种一体化混合利用战略的一部分。

思考题

1. 请介绍我国处理垃圾的几种基本方法。
2. 请简要介绍如何通过规划改善空气质量。
3. 请简要介绍土地的集约化开发的几种主要模式。
4. 什么叫褐色土地？如何合理利用褐色土地资源？
5. 请简要介绍雨水利用的几种模式。
6. 暴雨水管理的主要内容是什么？
7. 请解释低冲击开发模式的概念。
8. 雨水径流管理控制模式比较，BMP和LID有哪些特点？

9. 请列举太阳能的几种利用方式。
10. 请简单介绍居住健康有哪些保障技术。

参考文献

[1] (美)威廉·M·马什. 景观规划的环境学途径. 朱强，黄丽玲，俞孔坚等译. 中国建筑工业出版社，2006.
[2] (美)汤姆·特纳. 景观规划与环境影响设计. 王钰译. 王方智校. 中国建筑工业出版社，2006.
[3] 李湘洲. 注重环保初露锋芒的生态建筑. 中国建设信息，1999.23：59～59.
[4] 韦文波. 方兴未艾的生态建筑. 沿海环境，1999.9：18～18.
[5] 金磊. 绿色住宅与绿色建材(续). 生存空间，1999.7：10～12.
[6] 张红，陆平辉. 生态化住宅的发展及国际实践经验. 城乡建筑，2001.8：40～41.
[7] 振明，高忠爱，祁梦兰等. 固体废弃物的处理与处置. 北京：高等教育出版社，1993.
[8] PETE MELBY, TOM CATHCART. 可持续性景观设计技术——景观设计实际应用. 北京：机械工业出版社，2005.
[9] 刘东卫，曹秀琴. 日本住宅区的生态环境与住宅设计. 小城镇建设，2001.5：88～90.
[10] http://www.landscapecn.com/news/Html/news/detail.asp?ID=22515.
[11] http://www.hwcc.com.cn/nsbd/NewsDisplay.asp?Id=129652.
[12] 刘广，李龙. 浅议住宅小区雨水收集利用技术. 山东水利，2004.8：10～11.
[13] 陈立新，杨晨，任心欣，王国栋. 城市雨水径流污染控制管理模式初探：从BMP到LID. http://www.szplan.gov.cn/main/gzcy/bjzm/200907090223877.shtml.
[14] 布赖恩·爱德华兹. 可持续性建筑. 北京：中国建筑工业出版社，2003.
[15] 易义武，刘霏霏，戴源德. 太阳能制冷技术的研究概况. 节能环保，2006.1：24～26.
[16] 国家住宅与居住环境工程技术研究中心. 住宅太阳能热水系统整合计划. 北京：中国建筑工业出版社，2006.6～11.
[17] 张蓓红，龙惟定，陈德丽. 绿色住宅与自然能源利用. 建筑热能通风空调，2004.23(6)：30～34.
[18] 杨卫波，施明恒. 基于地热利用的生态建筑能源技术. 能源技术，2005.26(6)：251～256.
[19] 刘忠伟. 新建筑、新技术、新材料——建筑·玻璃. 北京：中国建筑工业出版社，2004.
[20] 牛新文. 健康住宅的指标研究. 住宅产业现代化，2003.9：18～20.

第三章 可持续居住区评价体系

评价指标(Indicator of Evaluation)是根据一定的评价目标确定的、能反映评价对象某方面本质特征的具体评价条目。指标是具体的、可测量的、行为化和操作化的目标，是目标的观测点、测量点，是可以通过对客体的实际观察获得明确结论的。评价指标体系(System of Indicators Used Evaluation)是由不同级别的评价指标按照评价对象本身逻辑结构形成的有机整体。它是衡量居住区评价对象发展水平或状态的量标系统，在生态居住小区评价方案中处于核心位置。评价指标体系是系统化的、具有紧密联系的、反映评价对象整体的一群指标或具体指标的集合。评价指标体系大致由评价指标、贡献率(或权重)和阈值(评价标准)3个系统构成。

可持续居住区评价指标是测量可持续社区建设水平的工具，建立生态居住区评价指标体系能促进可持续居住区的发展，也可为政府的宏观管理和决策提供依据，同时也是对城市生态系统综合评价的补充。目前，发达国家在建立评价指标体系方面已经取得了一定的成果。如美国的 LEED 标准，荷兰的 Eco-Quantum 标准等。国内关于生态居住区的研究较少，有些研究主要侧重于生态居住区的概念、内涵和特征，2006年出台的《绿色建筑评价标准》将评估建筑分为居住建筑和公共建筑两类。对于生态居住区综合评价指标还没有形成完整可靠的体系，定性的研究较多，定量的研究较少。同时，生态居住小区作为一个社会——经济——自然的复合生态系统，其评价指标体系广泛存在不确定性，因此，迫切需要建立一套符合我国国情的定性与定量结合的考虑不确定性的评价指标体系来指导生态居住小区的建设。

第一节 可持续居住区评价体系发展概况与面临问题

一、可持续居住区评价体系发展概况

评价可持续居住区就是考察在居住区建设与运行全寿命的各个环节所体现的节约资源与能源、减少环境负面影响、创造健康舒适的居住环境等方面的状况。

可持续建筑的评价需要大量的统计分析结果和实验检测结果作为评价指标，通过科学的方法进行指标筛选，最终形成一个相对完善的、可操作性强的评价指标体系。从20世纪90年代以来，世界上很多发达国家就开始了可持续建筑(绿色建筑)评价指标体系的研究。1990年，英国的"建筑研究中心"(Building Research Establishment，BRE)提出的《建筑研究中心环境评估法》(Building Research Establishment Environmental Assessment Method，BREEAM)是世界上第一个绿色建筑综合评估体系，也是国际上第一套实际应用于市场和管理的绿色建筑评价方法。1995年，美国绿色建筑协

第三章 可持续居住区评价体系

会(USGBC)编写的《能源与环境设计先导》(Leadership in Energy and Environmental Design,LEEDTM)问世。各个国家都可以结合本国的具体情况编制自己国家版本的GBTool。我国参加了GBTool 2002版的更新研究工作。

BREEAM、LEEDTM和GBTool奠定了可持续建筑评价体系的基础。在此基础上,世界其他各国和地区相继开发研究出了适合本国特点的可持续建筑评估体系,如德国的生态建筑导则LNB、澳大利亚的国家建筑环境评价体系NABERS、挪威的EcoProfile、瑞典的EcoEffect、法国的ESCALE、日本的CASBEE、中国香港的HK-BEAM以及中国台湾的绿建筑解说与评估手册等。

我国学者和研究人员在广泛研究世界各国绿色建筑评估体系的基础上,结合我国特点,于2001年9月完成了《中国生态住宅技术评估手册》的制定,并先后三批对12个住宅小区的设计方案进行了评估,对其中个别小区还进行了设计、施工、竣工验收全过程评估、指导与跟踪检验。

2004年2月,科技部、北京市科委和北京奥组委领导和支持的由9个单位合作研究的《绿色奥运建筑评估体系》通过了验收。该评估体系不仅可用于奥运建筑(奥运园区、体育场馆以及配套的新闻中心、办公建筑、居住建筑等),也适用于商业建筑和住宅小区。

2006年,根据建设部建标函[2005]63号的要求,由中国建筑科学研究院、上海市建筑科学研究院会同中国城市规划设计研究院、清华大学、中国建筑工程总公司、中国建筑材料科学研究院、国家给水排水工程技术中心、深圳市建筑科学研究院、城市建设研究院等单位共同编制《绿色建筑评价标准》GB/T 50378—2006(以下简称《国标》)。在此基础上,2007年由建设部科技发展促进中心、依柯尔绿色建筑研究中心组织编写了《绿色建筑评价技术细则》,2008年6月,建设部科技司委托科技发展促进中心等单位共同编写了《绿色建筑评价技术细则补充说明(规划设计部分)》。《国标》用于评价住宅建筑和办公建筑、商场、宾馆等公共建筑。绿色建筑的设计、施工标准也正在调研、编写阶段。

由于中国地域辽阔,各地区间地理、气候、环境、经济、社会等差异悬殊,在制定《绿色建筑评价标准》过程中,存在着大量的不确定性,无法简单量化,因此《国标》存在定性内容较多,难以顾及到一些地区特殊的气候特征等缺陷。建设部希望各地在《国标》的基本框架上,根据各地的具体情况,推出符合地方特色、更定量化以及更具操作性的地方性绿色建筑评价、设计标准,如2006年10月浙江省《绿色建筑标准》编制组编制的《浙江省工程建设标准(绿色建筑标准)》,2007年7月深圳市建筑科学研究院编制的《深圳市绿色建筑设计导则》,2006年9月的《江苏省绿色建筑评价标准(征求意见稿)》,2008年3月的《广西绿色建筑标准审核稿》等,湖南等地也正在编写本省、地区的绿色建筑地方标准。

二、几种主要的居住区评价方法介绍

1. 英国的 BREEAM

1990年由英国的"建筑研究中心"(Building Research Establishment,BRE)提出

第一节 可持续居住区评价体系发展概况与面临问题

的《建筑研究中心环境评估法》(Building Research Establishment Environmental Assessment Method，BREEAM)是世界上第一个绿色建筑综合评估体系，也是国际上第一套实际应用于市场和管理的绿色建筑评价办法。其目的是为绿色建筑实践提供指导，以期减少建筑对全球和地区环境的负面影响。此系统的认证面向市场，在英国约有15%～20%的新建筑物接受了该系统的评估。

针对英国的市场需求和绿色建筑发展状况，BREEAM 的评估对象从开始的办公建筑逐渐扩展到其他各类型建筑，为反映知识技术方面的进步与市场、规范的变化，保持 BREEAM 与实践同步和不断更新，BRE 还定期对 BREEAM 各分册进行修改。从1990 年至今，BREEAM 已经发行了《2/91 版新建超市及超级商场》、《5/93 版新建工业建筑和非食品零售店》、《环境标准 3/95 版新建住宅》、《BREEAM'98 新建和现有办公建筑》、《4/2000 版生态住宅》、《2003 版生态住宅》等多个版本。

为了易于被理解和接受，BREEAM 最初采用了一个相当透明、开放和比较简单的评估架构。它的《2003 版生态住宅》中，主要包括能源利用、交通、环境污染、材料、水资源、场地利用与生态和健康舒适等七个方面的内容，分别归类于"全球环境影响"、"当地环境影响"及"室内环境影响"三个环境表现类别。这样，根据实践变化对 BREEAM 进行修改时，可以较为容易地增减评估条款。

被评估的建筑如果满足或达到某一评估标准的要求，就会获得一定的分数，所有分数累加得到最后分数，BREEAM 根据建筑得到的最后分数给予"通过、好、很好、优秀"四个级别的评定。

《BREEAM——办公建筑》自 1998 版之后，框架有较大变化，它通过建筑性能核心评估、设计与实施评估、管理和运作过程评估这三个评估的组合把"新建办公建筑"、"空置办公建筑"和"已使用办公建筑"的评估包括在了同一个框架里，并且引入了一个权重系统来区分不同环境影响分类的重要性，扩展了系统的功能。

《BREEAM——办公建筑》的评分原则为：
(1) 根据被评估建筑种类确定需要评估的部分。
1) 新建项目和改建项目，参评"设计与实施"和"建筑性能"两部分。
2) 空置建筑，参评"建筑性能"部分。
3) 已使用建筑，参评"建筑性能"和"管理与运行"两部分。
(2) 计算被评估建筑在各条款中的得分及占此条款总分的百分比。
(3) 乘以该条款的权重系数，即得到被评估建筑此条款的最终得分。
(4) 被评估建筑每项条款得分累加得到总分。

《BREEAM——办公建筑》可以保证建筑项目生命周期各阶段评估的连续性。若一个建筑在设计阶段已进行了评估，那么在以后管理阶段评估时，已评估过的部分可不必再重复评估。

"生态家园"(EcoHomes)是《建筑研究中心环境评估法》的住宅版，首次发布于2000 年，其评价内容包括能量、交通、污染、材料、水、生态与土地利用以及健康等七个大的方面，评价机制和过程如前所述。评价结果是根据总分高低，给出"通过、好、很好、优秀"四个不同等级的证书。

对于设计项目，BREEAM 评估一般在详图设计接近尾声时进行。评估人根据设计资料做出最终评估，再由 BRE 给建筑做出定级(Labeling)。如果想获得更好的评分，BRE 建议在项目设计之初，设计人员较早地考虑 BREEAM 的评估条款，评估人也可以以某种适当的方式介入、参与设计过程。评估已使用的现有建筑，评估人须根据管理人员提供的资料，做出一份"中期报告"和一份"行动计划大纲"，以提供改进措施和意见，客户可在最终评估评定之前采取改进措施，以获得更高的评级。BREEAM 这种评估程序充分体现了其辅助设计与辅助决策的功能。

2. 美国的 LEED 评价标准

(1) 简介

美国绿色建筑委员会(USGBC)编写的"Leadership in Energy and Environmental Design"(LEED)问世于 1995 年，其目的是推广整体建筑设计流程，用可以识别的全国性认证来改变市场走向，促进绿色竞争和绿色供应。LEEDTM 是一个自我评价系统，它可以对各种新建或已经使用的商用建筑、办公楼或高层建筑进行评价。与其他评价系统一样，LEEDTM 也采用与评价基准进行比较的方法，即当建筑的某个特性达到某个标准时，便会获得一定的分数。对应于获得的不同的总分，被评价的建筑物可以获得不同的绿色建筑认证资质。其评估人员为经过 LEED 认证的专业人员。

LEED 评价体系主要包括新建和大修项目(LEED NC2.2)、既有建筑(LEED EB)、商业建筑室内(LEED CI)、学校项目(LEED for School)、社区规划(LEED-ND)、住宅(LEED Home)等评价标准构成。

LEED 评价体系通过 6 个方面对建筑项目进行绿色评定，包括：可持续场地设计、有效利用水资源、能源和环境、材料和资源、室内环境质量和革新设计，在每个方面，LEED 提出评定目的(Intent)、要求(Requirements)和相应的技术及策略(Potentialtechnologies and Strategies)，这项导则包括场地规划、能源与大气、节水、材料与资源、室内空气质量和创新加分六大方面，其每一个方面又包括了 2~8 个子条款，每一个子条款又包括了若干细则，共 41 个指标，总分 69 分。与众不同的是，每个方面都有若干基本前提条件，若不满足则不予参评。其评定条款数目所占分值如表 3-1 所示。LEED 认证相应级别所需要的分数如表 3-2 所示。

LEED 评价分类及评分条款数目所占分值

(资料来源：欧阳生春)　　　　　　　　　　　　　　表 3-1

	LEED NC	LEED EB	LEED CI	LEED CS	LEED for school
可持续场地设计	14	14	7	15	16
有效利用水资源	5	5	2	5	7
能源和环境	17	23	12	14	17
材料和资源	13	16	14	11	13
室内环境质量	15	22	17	11	20
革新设计	5	5	5	5	6

LEED 认证级别与所需要的分数

（资料来源：欧阳生春） 表 3-2

	认证	银奖	金奖	白金奖
LEED NC	26～32	33～38	39～51	52～69
LEED EB	32～39	40～47	48～63	64～85
LEED CI	21～26	27～31	32～41	42～57
LEED CS	23～27	28～33	34～44	45～61
LEED for school	29～36	37～43	44～57	58～79

(2) LEED-ND 体系

LEED-ND 体系全称 Leadership in Energy and Environmental Design for Neighborhood Development，即 LEED 绿色社区认证体系。在结合已有绿色建筑设计要点的基础上，该评价标准将评估重点放在社区建设上，同时引入了可持续发展的城市设计理论，作为整个 LEED 的补充完善。LEED-ND 继承了单体绿色建筑实践中重视改善建筑室内环境质量、提高能源和用水效率等方面的内容，同时希望通过开发商以及社区领导者的通力合作，对现有社区进行改良，提高土地的利用率、减少汽车的使用、改善空气质量，为不同层次的居民创造和谐共处的环境。LEED-ND 整合了精明增长、新城市主义和绿色建筑等三大绿色建筑住区发展原则，成为美国首部面向邻里社区规划的综合标准。

LEED-ND 所定义的社区具备以下特征：具有明确的中心和边界划分，规模控制在中心到边界的步行时长不超过 5 分钟，社区由多类型的功能建筑构成，可以满足基本的生活需要，内部交通网络鼓励使用者徒步出行，社区预留了足够的公共活动空间。

LEED-ND 评估体系主要由精明选址与联系(Smart Location&Linkage)、社区模式与设计(Neighborhood Pattern&Design)、绿色建造与技术(Green Construction&Technology)、创新与设计方法(Innovation&Design Process)等四大部分组成，总共包括 58 个前提条件和各类得分点。

黄献明在对 LEED-ND 评估体系的特点进行系统总结的基础上，提出 LEED-ND 评估体系对我国的借鉴意义："LEED-ND 提出了紧凑开发、交通导向、混合式的土地利用和房屋布局、友好的自行车和步行系统设计等社区建设原则，通过建立优化选址、设计和施工的方针和政策，激励开发商和政府改造现有城市环境，减少不合理用地，降低机动车使用率，鼓励步行与自行车出行，改善空气质量，减少污水排放，为不同收入阶层住户提供更有活力的、更可持续发展的新社区环境。LEED-ND 评估体系的最大价值也许是将理论界多年的理论成果细分并量化为可操作的准则指导实践，在科学性、实用性和可操作性方面取得了良好的平衡。"

他认为我国已经出台了不少关于绿色建筑发展的技术标准、技术要求和评估指标体系，但"它们更多地关注于对单位建筑生态技术层面的要求，而较少从社区整体规划层面综合考察环境、人文、基础设施等各方面之间的协调发展，从社会层面对绿色建筑发展的长远关注也有待加强。"

黄献明认为 LEED-ND 评估体系对于建立针对我国中观层面物质空间建设的绿色评价标准，有以下五点启示：

1) 开放社区设计原则。

2) 基于生态原则的景观环境建设。

3) 选址前，需要对目标基址的现状场地进行必要的生态评价（"褐地"分析、栖息地和湿地分析），同时景观设计中，注意引入本土化程度高的原生物种，拒绝入侵物种，注重对原有特殊地形地貌（如陡坡）的保护等。

4) 注重建立并完善有利于可持续发展的"软环境"——基于生态原则的相关管理制度的建立健全。具体而言，这些要求包括：鼓励并帮助建立合伙式用车制度，划定合伙式汽车停车位，建立交通需求管理计划，提供公交通行补助，提供园区至固定枢纽的穿梭巴士。

5) 建立社区规划的公众参与机制。我国的社区规划、建设与管理，更倾向于采取政府或开发商包揽一切的做法，而规划师只是体现投资人意志（政府或开发商）的工具。由于决策缺乏广泛的基础，很难准确表达整体利益。同时，缺乏广泛的公众参与，导致了社区居民的不合作，也很难保证相关决策的可行性与科学性，最终无法实现社会层面的可持续发展。因此，发动广大居民与各种组织积极参与，是当前我国绿色住区建设中急需改进的地方。

因此，可以说，LEED-ND 为我们提供了一个从社区规划入手，逐步完善绿色评估体系的崭新思路。

3. 绿色建筑评价标准

绿色建筑指标体系是按定义，对绿色建筑性能的一种完整的表述，它可用于评估实体建筑物与按定义表述的绿色建筑相比在性能上的差异。《绿色建筑评价标准》贯穿建筑规划、设计、施工与管理的全过程。绿色建筑指标体系由节地与室外环境、节能与能源利用、节水与水资源利用、节材与材料资源、室内环境质量和运营管理六类指标组成。这六类指标涵盖了绿色建筑的基本要素，包含了建筑物全寿命周期内的规划设计、施工、运营管理及回收各阶段的评定指标的子系统。

(1) 绿色建筑评价的原则

绿色建筑应坚持"可持续发展"的建筑理念。绿色建筑除满足传统建筑的一般要求外，理性的设计思维方式和科学程序的把握，是提高绿色建筑环境效益、社会效益和经济效益的基本保证。绿色建筑应遵循以下基本原则：

1) 关注建筑的全寿命周期

建筑从最初的规划设计到随后的施工建设、运营管理及最终的拆除，形成了一个全寿命周期。关注建筑的全寿命周期，意味着不仅在规划设计阶段充分考虑并利用环境因素，而且确保施工过程中对环境的影响最低，运营管理阶段能为人们提供健康、舒适、低耗、无害空间，拆除后又对环境危害降到最低，并使拆除材料尽可能再循环利用。

2) 适应自然条件，保护自然环境

a. 充分利用建筑场地周边的自然条件，尽量保留和合理利用现有适宜的地形、地貌、植被和自然水系；

b. 在建筑的选址、朝向、布局、形态等方面，充分考虑当地气候特征和生态环境；

c. 建筑风格与规模和周围环境保持协调，保持历史文化与景观的连续性；

d. 尽可能减少对自然环境的负面影响，如减少有害气体和废弃物的排放，减少对生态环境的破坏。

3) 创建适用与健康的环境

a. 绿色建筑应优先考虑使用者的适度需求，努力创造优美和谐的环境；

b. 保障使用的安全，降低环境污染，改善室内环境质量；

c. 满足人们生理和心理的需求，同时为人们提高工作效率创造条件。

4) 加强资源节约与综合利用，减轻环境负荷

a. 通过优良的设计和管理，优化生产工艺，采用适用技术、材料和产品；

b. 合理利用和优化资源配置，改变消费方式，减少对资源的占有和消耗；

c. 因地制宜，最大限度地利用本地材料与资源；

d. 最大限度地提高资源的利用效率，积极促进资源的综合循环利用；

e. 增强耐久性能及适应性，延长建筑物的整体使用寿命；

f. 尽可能使用可再生的、清洁的资源和能源。

各大指标中的具体指标分为控制项、一般项和优选项三类。其中，控制项为评为绿色建筑的必备条款；优选项主要指实现难度较大、指标要求较高的项目。对同一对象，可根据需要和可能分别提出对应于控制项、一般项和优选项的指标要求。按满足一般项和优选项的程度，绿色建筑划分为三个等级。

对住宅建筑，原则上以住区为对象，也可以单栋住宅为对象进行评价。对公共建筑，以单体建筑为对象进行评价。对住宅建筑或公共建筑的评价，在其投入使用一年后进行。

我国地域广大，各地气候、环境、经济发展水平差异巨大，给编制国内统一的绿色建筑评价标准带来了一定困难。例如，研究表明在深圳只要合理采用自然通风、遮阳、绿化三项技术手段就基本可以达到节能50%的目标，而这在北方高寒城市是难以想象的。因此各地应该结合当地的气候、资源、经济以及社会文化特点，因地制宜地制定绿色建筑的评价标准。

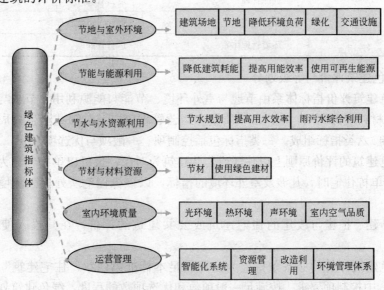

图 3-1　绿色建筑指标体系框图

(资料来源：《绿色建筑评价标准》编制说明)

绿色建筑的分项指标与重点应用阶段汇总

（资料来源：《绿色建筑评价标准》编制说明）　　　　　　表 3-3

项　目	分项指标	重点应用阶段
节地与室外环境	建筑场地	规划、施工
	节地	规划、设计
	降低环境负荷	全寿命周期
	绿化	全寿命周期
	交通设施	规划、设计、运营管理
节能与能源利用	降低建筑能耗	全寿命周期
	提高用能效率	设计、施工、运营管理
	使用可再生能源	规划、设计、运营管理
节水与水资源利用	节水规划	规划
	提高用水效率	设计、运营管理
	雨污水综合利用	规划、设计、运营管理
节材与材料资源	节材	设计、施工、运营管理
	使用绿色建材	设计、施工、运营管理
室内环境质量	光环境	规划、设计
	热环境	设计、运营管理
	声环境	设计、运营管理
	室内空气品质	设计、运营管理
运营管理	智能化系统	规划、设计、运营管理
	资源管理	运营管理
	改造利用	设计、运营管理
	环境管理体系	运营管理

（2）绿色建筑评价与等级划分

1）绿色建筑评价指标体系由节地与室外环境、节能与能源利用、节水与水资源利用、节材与材料资源利用、室内环境质量和运营管理（住宅建筑）或全生命周期综合性能（公共建筑）六类指标组成。每类指标包括控制项、一般项与优选项。

2）绿色建筑的评价原则上以住区或公共建筑为对象，也可以单栋住宅为对象进行评价。评价单栋住宅时，凡涉及室外环境的指标，以该栋住宅所处住区环境的评价结果为准。

3）对新建、扩建与改建的住宅建筑或公共建筑的评价，在其投入使用一年后进行。

4）绿色建筑评价的必备条件应为全部满足本标准第四章"住宅建筑"或第五章"公共建筑"中控制项要求。按满足一般项数和优选项数的程度，绿色建筑划分为三个等级，等级按表3-4、表3-5确定。

划分绿色建筑等级的项数要求(住宅建筑)

(资料来源:《绿色建筑评价标准》编制说明)

表 3-4

等级	一般项数(共 40 项)						优选项数(共 6 项)
	节地与室外环境(共 9 项)	节能与能源利用(共 5 项)	节水与水资源利用(共 7 项)	节材与材料资源利用(共 6 项)	室内环境质量(共 5 项)	运营管理(共 8 项)	
★	4	2	3	3	2	5	—
★★	6	3	4	4	3	6	2
★★★	7	4	6	5	4	7	4

注:根据住宅建筑所在地区、气候与建筑类型等特点,符合条件的一般项数可能会减少,表中对一般项数的要求可按比例调整。

划分绿色建筑等级的项数要求(公共建筑)

(资料来源:《绿色建筑评价标准》编制说明)

表 3-5

等级	一般项数(共 43 项)						优选项数(共 21 项)
	节地与室外环境(共 8 项)	节能与能源利用(共 10 项)	节水与水资源利用(共 6 项)	节材与材料资源利用(共 5 项)	室内环境质量(共 7 项)	全生命周期综合性能(共 7 项)	
★	3	5	2	2	2	3	—
★★	5	6	3	3	4	4	6
★★★	7	8	4	4	6	6	13

注:根据建筑所在地区、气候与建筑类型等特点,符合条件的项数可能会减少,表中对一般项数和优选项数的要求可按比例调整。

标准中定性条款的评价结论为"通过"或"不通过",对有多项要求的条款,各项要求均满足要求时方能评为"通过"。定量条款的要求由具有资质的第三方机构认定。

4. 居住环境评价方法与理论

居住环境是指围绕着居住和生活空间的生活环境的综合,从狭义来说,它是指我们居住的实体环境,从广义来说,它还包括社会、经济和文化等环境。在浅见泰司的《居住环境评价方法与理论》一书中,对可持续居住环境的评价作了详细的介绍。

浅见泰司认为日本对于居住环境的研究有以下几个趋势(浅见泰司,2005 年):

(1)逐渐转向对以前未经规划的已经形成的市区的居住环境的研究,人们认识到,在小范围内进行规划的必要性,在已经形成的市区内个别建筑的更新变化的前提下,为了进一步强化规划控制的作用,分析变化的实态和机制、问题和面临的课题,解决方向等目标。

(2)关于居住环境解析和评价的研究,以密度、日照等实体环境为基础,对居住环境的质量和标准进行研究,在此基础上,进一步发展为从环境心理和角度出发即引入居住的主观意识和评价来分析综合居住环境的研究。从城市的层次来分析地区、街区和"与生活息息相关的外部环境"也成为研究重点。

(3)从城市空间结构来研究居住环境的整治;与宏观城市空间结构相结合,进一步研究微观居住环境。

因此，在研究城市居住环境时，我们不仅要从个人获得的利益（或损害）的角度来考察居住环境的概念；如"安全性"、"保健性"、"便利性"、"舒适性"等，也要考虑个人对整个社会做出了何种程度的贡献，即必须建立起"可持续性"的理念。而居住环境的可持续性可从3个概念来把握，即环境的可持续性、经济的可持续性和社会的可持续性。环境可持续性是指在实体环境方面将来不至于引发居住环境的恶化，经济可持续性是指推进城市和地区经济的可持续发展，社会可持续性是指保护当地的社会文化和秉承历史。它们的共同点是要求在当地生活和活动的主体对未来的社会作出贡献（浅见泰司，2005年）。

所谓经济的可持续性，是在维持环境和社会的可持续性的同时，促进地域经济活力的维持和发展所做的努力。具体的评价项目包括：地域产业的均衡发展；住宅供求的平衡；与社会发展相适应的地区结构；维持地区的比较优势；营造地区的魅力等。所谓环境的可持续性，是针对实体环境保护和改善的努力，包括：减轻对地球和自然环境的负荷，并积极维护环境（减少建筑物拆除产生的废物，预防热导现象，减少大气污染和水质污染，减少对土壤的负荷，防治地球温暖化等）；为了恢复地球和自然环境而进行的努力（能耗的减少和能源的有效利用，尽量利用自行车等非机动车交通工具，保持生态系统的多样性，资源再生和减少废物等）。

所谓社会的可持续性，是指为了维持和增进非物质方面的地区特色而进行的努力，包括：维持和保护街区现有的魅力（街区的品味，品牌的维持，有特色的历史、文化及地域性的继承，住宅类型的适当平衡，建设方法、材料和设计体现地方特色等）；为街区增加新的魅力（创造地区新特色，便于对住宅区进行更新改造，便于调整各种利害关系）；社会的稳定性（社区的维持，以长期耐用的建筑为中心形成的街区、地区内人口年龄构成的适当平衡等）。

三、可持续评价系统研究面临的不确定性问题

通过对现阶段可持续评价系统研究现状的分析表明，经过十多年的努力，可持续评价工作在全球各地取得了丰硕的成果，但是，与实际需要相比，尤其是与可持续发展的目标相比，这些研究依然存在着种种不确定性。如：

1. 量化方法的不确定性

在现阶段的可持续评价研究中，一般都是采用各子项与基准进行比较的量化方法。由于评价系统的子项一般都比较多（一般有几十项，有的甚至超过了100项），加之现阶段的基础研究资料又非常匮乏，因此各子项之间相对重要性的关系很难采用分析法确定，很多时候开发者只好根据主观意志来确定各子项之间的相对重要性。另外，在现阶段的评价系统中，很多概念的定义属于一种定性的描述，这又给量化结果带来了很大的不确定性。

2. 评价系统不统一带来的不确定性

在现阶段，每个国家或地区都开发有自己的评价系统。由于各自采用的标准都大不相同，因此使用不同系统得到的评价结果都不能直接进行比较，即使对于起源于同一个系统的不同国家版本，所得的结果也不能进行比较。这使得各国和地区都花费了

大量的时间来开发系统，但由于各自的精力有限，因此开发的系统的效果都不好，加之同一个地方存在着几种评价系统，评价结果还可能存在着一定的矛盾，更加影响了评价结果的权威性。

3. 运行全过程中的不确定性

在现有研究中，一般都是集中在交付前对运行时可能的环境性能进行评价，但在实际工作中，也经常需要对运行时的环境性能进行评价，因此需要改变现有的评价方式，采用全过程评价的方针，即开发的系统不仅可以在使用前对运行时可能的环境性能进行评价，也可以在运行时对实际的环境性能进行评价，这样才能使得评价结果具有连续性，不会出现"设计上是一套，实际上是另一套"的局面。

4. 功能简单带来的不确定性

可持续评价系统是提高设计水平和做到可持续发展的有效手段，它可以让客户对不同的方案直接进行比较。但是，在现阶段已开发的这些系统中，都只能对可持续性能进行简单的评价，用户如果想提高环境性能，则只能通过简单列举的方法来对设计方案进行优化，而不能在可行的全设计范围内自动进行优化设计和决策。

第二节 可持续发展居住区评价指标体系的构建原则与方法

从国外绿色建筑评估体系的分析中可以看出，各评估体系的功能、范围、结构各不相同，指标的多少也有很大差别。各评价体系由于其应用目的的不同而各有特点，在实践中都在不断地完善。尽管不同国家的评估体系框架结构有相近之处，但都以满足本国需求为目标，大都停留在个体建筑的层面上，很少扩展到居住区。对于不同类型的建筑多以不同分册体现评估体系的差别。

一、指标选择的原则

居住区生态系统是一个庞大的系统，包含的因素极多，为减少评价过程中的不确定性影响，在选择和设计评价指标时应该遵循以下原则：

1. 科学性与实用性原则

在设计指标体系时，要考虑理论上的完备性、科学性和正确性，即指标概念必须明确，且具有一定的科学内涵。科学性原则还要求权重系数的确定以及数据的选取、计算与合成等要以公认的科学理论为依托，同时又要避免指标间的重叠和简单罗列。另一方面也必须考虑资料的可取性、可操作性和统一可比性。在强调科学性的同时，尽可能不采用深奥的专业术语，给公众了解、认识和参与生态居住小区建设的机会。

2. 弹性原则

对于弹性原则，主要是按照生态因子的特性划分为弹性要素和非弹性要素：

（1）弹性可变要素：指在社会转型期不稳定的要素，或可能引起居住区多种变化的要素，或非人为因素能够准确确定的要素，如居住区人口规模、居住区环境、居住区用地发展方向、用地范围、居住区结构形态、功能分区、就业岗位、部分市政设施标准、部分社会化服务设施等。对弹性指标的选取宜粗不宜细，引导而不是控制。

(2) 非弹性要素：指在社会转型期相对稳定的要素，或因影响居住区甚至整个城市可持续发展而必须采取人为措施严格控制的要素，如人均用地指标，"三废"治理标准，生态小区建设用地中建筑用地、绿地、交通路面等的评价标准与分类，部分社会化服务设施以及形态规划中近五年内将要实施的要素等。对非弹性指标的选取宜细不宜粗，不能因社会转型而放弃对它的有效控制。

3. 层次性原则

指标体系应根据研究系统的结构分出层次，由宏观到微观，由抽象到具体。如构建目标层——准则层——指标层——分指标层的结构，并在此基础上进行指标分析。这样可以使指标体系结构清晰，易于使用。

4. 区域性原则

生态居住区系统包含着生态、社会、经济三个大系统，系统底下有很多生态因子，每一个因子都扮演着使此系统运转的角色，都为持续的经济、社会和实体发展作出贡献。尽管生态居住区作为任何一个因子的总体目标都是一致的，但不同区域的生态居住区具有不同的具体情况，因而，应因地制宜，根据所研究区域的城市特点，建立相应的指标系统，指标体系应该更加侧重于根据不同城市地域性的特点来相应指定。

5. 可操作性原则

生态居住区指标体系目前面临两个问题：过于追求完整性而导致指标过多；指标定性多，定量少，定量的又常常不够精确。基于这两方面的原因，在构建生态居住小区的评价指标体系时，遵循可操作性原则，在尽可能简单的前提下，挑选一些易于量化计算、容易获取的、可靠性强的、能真正反映区域实际情况的综合指标。

6. 稳定性与动态性原则

指标体系的内容不宜变化过于频繁，在一定的时期内，应保持其相对的稳定性。另一方面，居住区本身是一个动态发展的过程，生态居住区的内涵也随历史阶段的不同而有所变化，这就要求反映生态居住区内涵的评价指标体系必须具有一定的弹性，能够适应不同时期区域发展的特点，能灵活调整。

二、指标体系的构建原理与方法

1. 指标体系的构建程序

所谓评价是根据确定的目的来测定对象系统的属性，并将这种属性变为客观定量的计算值或主观效用的过程。评价是选优和决策的基础，一般来讲是复杂并且困难的，往往带有多目标、多指标的特征。指标的确立主要是指标的选取及指标之间的结构关系的确定。指标选取应该是定性和定量研究的相互结合。对定量指标，通过比较标准能较容易地求出优劣顺序；对于定性指标，由于没有明确的数量表示，多凭人的主观感受和经验。但是对于可持续发展居住区评价来说，这种定性难以度量的指标往往是至关重要的。

(1) 数据的收集与整理

由于可持续发展居住区评价体系涉及面广，需要的信息量大，因此，数据的收集主要通过多种渠道进行。

(2) 指标的确立

指标的确立除遵循上述的原则之外，还要综合考虑评价指标的完备性、针对性、综合性和独立性，不能仅由某一原则决定指标的取舍。另外，由于这些原则各具特殊性及目前认识的差异，对各项原则的衡量精度、研究方法不可强求一致。筛选指标时，对于上述各原则既要综合考虑，又要区别对待。例如，有些定性的评价指标由于受认识水平的限制，目前还难以定量衡量，只能依赖于评价者对可持续发展居住区内涵的理解程度及其对所评价区域的了解程度而定。又如，评价指标的完备性包含两层含义：一是指所选择的指标应尽量全面地反映体系发展的各个方面及其变化；二是根据评价目的、评价精度来决定评价指标体系完备性。如果评价指标体系使用区域范围很大且要求较高的可操作性，那么，评价指标的层次可相对提高，其精度要求可相对降低，评价指标的数目可相应减少；反之，如果使用区域范围较小，对评价精度要求可相对提高，评价指标的数目可相应增多。

在指标选择中，为了满足完备性原则，可采用如下方法：

1) 频度统计法：主要对目前已有绿色建筑评价体系中的指标使用频度进行统计，同时统计目前有关可持续发展居住区评价研究的报告、论文的频度，选择那些使用频度较高的指标。

2) 理论分析法：主要是在对可持续发展居住区的内涵、特征、基本要素、主要问题进行分析、比较、综合的基础上，选择那些重要的、针对性强的、能反映可持续发展居住区本质和内涵的指标。

3) 专家咨询法：在通过前两种分析方法初步提出可持续发展居住区评价指标的基础上，进一步征询有关专家意见，对指标进行综合调整。

除此之外，在确定可持续发展居住区评价指标中，还需充分借鉴国内生态住宅评估体系。

依据指标体系完备性建立初步的可持续发展居住区评价指标体系后，对具体指标再进行相关性和独立性分析，最终选定内涵丰富又比较独立的指标构成评价指标体系。

(3) 指标权重的确定

权重是以某种数量形式对比，权衡被评价事物总体中诸因素相对重要程度的量值。它既是决策者的主观评价，又是指标本质属性的客观反映，是主客观综合度量的结果。各指标对系统的影响或引起的效应是不同的。进行综合评价时，各要素便不能同等看待。权重主要决定于两个方面：

1) 指标本身在决策中的作用和指标价值的可靠程度，即表示它们的不同重要性及各要素所产生的不同协同效应。

2) 决策者对该指标的重视程度。

可持续发展居住区指标评价属于多目标决策问题，各指标的权重应反映其对可持续发展的重要程度。指标权重确定的合理与否在很大程度上影响综合评价的科学性和正确性。到目前为止，在实践中常用的赋权方法不外乎主观赋权法和客观赋权法两种。

主观赋权法多采用综合咨询评分的定性方法确定权重，然后对标准化后的数据进行综合,如综合指数法、德尔菲法、环比法、模糊综合评判法等。主观赋值法依据研究者的实践经验和主观判断来酌定权重,可以反映评价者的经验和直觉,但容易受人为因素的影响,其准确性无法检验,通常带有研究者的主观随意性。

客观赋权法是根据各指标间的相关关系或变异程度来确定权重的,主要有主成分分析法、因子分析法、熵值法等。客观赋权法可以克服主观赋权法的不利影响。

权重的确定多属于信息量的确定,没充分考虑指标本身的相对重要程度,更容易忽视评价者的主观信息。因此,无论是主观评价还是客观评价,都有其不可避免的问题。因此,需要采用主客观同时赋权的方法进行集成。

在可持续发展居住区评价指标体系的权重确定中,采用了专家咨询法等主观方法及层次分析法等综合方法。权重以指标分值直接表示。

2. "Q+L" 二维评价体系介绍

清华大学的秦佑国教授等(秦佑国、林波荣、朱颖心,2004年)通过对我国北京、上海、深圳等地的城镇建设以及绿色建筑发展现状的调研,发现"即便在发达城市,城市建筑也均普遍存在运行能耗高、材料资源消耗大、建筑室内声光热环境及空气品质差的现状,而且不同类型建筑或者相同类型建筑不同地区的水平差距较大。此外,我国特殊存在的乡土建筑以其特殊的建筑设计手法也使得我们必须对其绿色性能进行审视。总的看来,从调研分析和数据对比来看,目前我国建筑环境质量的现状和要求存在很大的差异,不像发达国家总体水准较高、差别较小,问题的主导方面是能源、资源与环境代价的最小化。因此,在评估体系中节省能源、节省资源、保护环境的条例与室内舒适性、服务水平以及建筑功能的条例性质不同,不能彼此相加或相抵。"因此,"采用 Q-L 二维体系评价我国的绿色建筑,符合我国建筑质量和对环境影响等多方面差距较大的国情;发展我国的绿色建筑评估体系应注重不同地区、不同类型建筑的评价指标适应性、权重系数等问题的研究和确定。"

一级权重体系

(资料来源:秦佑国等)　　　　　　表 3-6

	一级条目	权重		一级条目	权重
公共建筑	Q1 室外环境质量	0.30	居住建筑	Q1 室外环境质量	0.30
	Q2 室内物理环境质量	0.45		Q2 室内物理环境质量	0.45
	Q3 提供的服务与功能	0.25		Q3 提供的服务与功能	0.25
	LR1 能源利用与管理	0.30		LR1 能源利用与管理	0.30
	LR2 材料资源	0.20		LR2 材料资源	0.20
	LR3 土地资源	0.10		LR3 土地资源	0.15
	LR4 水资源	0.20		LR4 水资源	0.18
	LR5 对环境的影响	0.20		LR5 对环境的影响	0.17

"Q-L 评价体系指的是在具体评分时把评估条例分为 Q 和 L 两类:Q(Quality)指建筑环境质量和为使用者提供服务的水平;L(Load)指能源、资源和环境负荷的付出。所谓绿色建筑就是建筑的环境效益(Q/L)高的建筑。根据研究的共识,Q 的得分在 3

分以上，同时 LR(LR＝5－L，评分体系按照 5 分设计)得分也在 3 分以上的建筑，认为是绿色建筑。考虑到我国建设项目的特殊情况，即当前存在的乡土绿色建筑和一部分高质量、环境负荷一般的绿色建筑，为了鼓励其发展，因此在 Q-LR 评分图中，把建筑的 Q 得分在 1～3 之间，LR 得分在 5～4 之间的情况也评价为绿色建筑，即当前的一部分乡土绿色建筑(或者称之为适宜技术的绿色建筑)。把建筑的 Q 得分在 3～5 之间，同时 LR 的得分在 1～3 之间的情况也评价为绿色建筑，即当前存在的一部分高质量、环境负荷一般的建筑。

上述评价结果的表达，使得 Q 指标体系和 L(或 LR)的指标体系评分标准保持了一致；同时保证了 C 区以上的'绿色建筑'的面积占整个面积的 1/3 左右。"

推荐的二级权重体系

(资料来源：秦佑国等) 表 3-7

	居住建筑		公共建筑
Q1.1 场地设计	20%	Q1.1 场地设计	30%
Q1.2 室外光环境	10%	Q1.2 室外光环境	10%
Q1.3 室外风环境与大气质量	20%	Q1.3 室外风环境与大气质量	20%
Q1.4 室外声环境	20%	Q1.4 室外声环境	15%
Q1.5 室外热环境	10%	Q1.5 室外热环境	10%
Q1.6 绿化和园林设计	20%	Q1.6 绿化和园林设计	15%
Q2.1 声环境	20%	Q2.1 声环境	20%
Q2.2 光环境	18%	Q2.2 光环境	18%
Q2.3 热环境	27%	Q2.3 热环境	27%
Q2.4 室内空气品质	35%	Q2.4 室内空气品质	35%
Q3.1 建筑耐久性与适应性	70%	Q3.1 建筑耐久性与适应性	70%
Q3.2 垃圾处理	30%	Q3.2 垃圾处理	30%
LR1.1 建筑主体节能	50%	LR1.1 建筑主体节能	30%
LR1.2 提高能源利用效率	30%	LR1.2 提高能源利用效率	50%
LR1.3 可再生能源利用	20%	LR1.3 可再生能源利用	20%
LR2.1 建材的资源消耗量	38%	LR2.1 建材的资源消耗量	38%
LR2.2 建材的能源消耗量	40%	LR2.2 建材的能源消耗量	40%
LR2.3 建材本地化	22%	LR2.3 建材本地化	22%
LR3.1 容积率控制	30%	LR3.1 容积率控制	40%
LR3.2 合理开发地下空间	25%	LR3.2 合理开发地下空间	30%
LR3.3 节地设计	25%	LR3.3 节地设计	30%
LR3.4 户型面积控制	20%		
LR4.1 水系统规划与设计	39%	LR4.1 水系统规划与设计	39%
LR4.2 节水率	33%	LR4.2 节水率	33%
LR4.3 中水、雨水	28%	LR4.3 中水、雨水	28%
LR5.1 对周边环境的影响	48%	LR5.1 对周边环境的影响	48%
LR5.2 对大气环境的影响	52%	LR5.2 对大气环境的影响	52%

3. 基于不确定性的可持续居住区评价方法

(1) 评价体系层次结构

居住区的可持续性主要表现在节约资源与能源、减少环境负荷和创造健康舒适的居住环境等方面上。因此,可持续发展居住区的评价也就是以这三方面内容为约束,建立相应的指标体系,达到居住区评价的目的。

按照层次分析法可以建立可持续发展居住区评价的递阶层次结构,将评价指标层次化,以利于指标体系权重的确定和保证指标体系的开放性。可持续发展居住区评价指标体系的层次结构如图 3-2 所示。

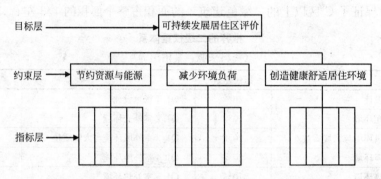

图 3-2 可持续发展居住区评价指标体系的层次结构

目标层:可持续发展居住区评价。

约束层:节约资源与能源、减少环境负荷、创造健康舒适的居住环境。

(2) 评价指标权重的确定

采用层次分析法(AHP)确定评价指标的权重。层次分析法是系统工程中对非定量事物作定量分析的一种简便方法,它一方面能充分考虑人的主观判断,对研究对象进行定性与定量的分析;另一方面把研究对象看成一个系统,从系统内部与外部的相互联系出发,将各种复杂因素用递阶层次结构形式表达出来,以此逐层进行分析,使决策者对复杂问题的决策思维系统化、数字化、模型化。由于该方法重点在于对复杂事物中各因子赋予相应的恰当权重,故又称多层次权重分析法。运用 AHP 一般可分为 4 个步骤。

1) 建立描述系统功能或特征的递阶层结构。层次结构通常分为 3 层:目标层——准则层——措施层或对策层。对不同问题可有不同描述,同样可再分为子措施层或子对策层。

2) 两两比较结构要素,构造出所有的判断矩阵。建立递阶层次以后,上、下层之间元素的隶属关系就被确定了。假定以上一层次的元素 U_k 作为准则,对下一层次的元素 $(V_1, V_2 \cdots\cdots V_n)$ 有支配关系,通过专家赋予元素 $(V_1, V_2 \cdots\cdots V_n)$ 1:9 的比例标度来确定其在准则 U_k 下的重要性。由此可以得到准则 U_k 下的判断矩阵 $V(v_{ij})$,即:$V=(v_{ij})n \times n$。

3) 解判断矩阵,得出特征根、特征向量和层次单排序权重。显然,V 是一个正的互反矩阵,数学上已证明,V 满足方程:$VW=\lambda_{max}W$,其最大特征根 λ_{max} 存在且惟一。

第二节 可持续发展居住区评价指标体系的构建原则与方法

W 经正规化后，即为元素（V_1，V_2……V_n）在 U_k 准则下的权重。W 和 λ_{max} 的计算方法一般有幂法、和积法和根法 3 种。

4）进行层次总排序。把前一步计算的结果进行适当组合，计算出总排序的相对权重，得到不同层次上的评价指数递阶层次结构图，见图 3-3。

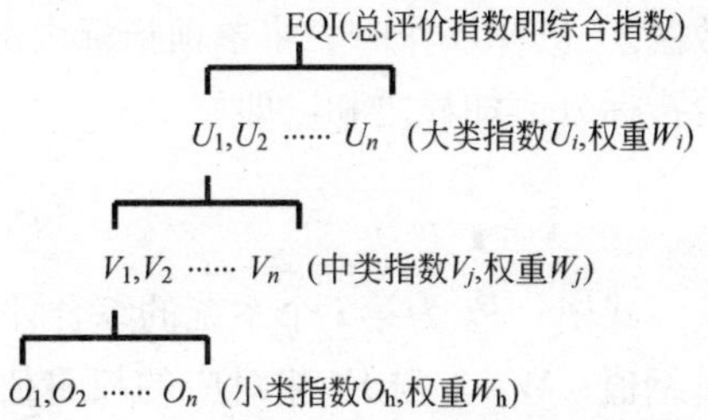

(3) 评价指标的无量纲化

图 3-3 不同层次上的评价指数结构

由于不同评价指标值具有不同的量纲，而且指标值的差异相当大，为消除量纲影响，有必要对不同大系统的各个单项指标值进行无量纲化。通常无量纲化的方式是分级标准化，但是分级标准化的方法会产生两个方面的不确定性问题：一是同一级别内的不同类别在评分的时候没有显示出区别而产生的不确定性，另一个问题是不同级别的分界处的评分过分拉大而产生的不确定性。考虑不确定性问题的无量纲方法包括随机数学方法、模糊数学方法以及灰色系统方法。本指标体系中用灰色系统方法中的灰色关联度来消除量纲。具体过程如下：

1）确定最优指标集 $C^*(k)$（即参考数列）：选择第 k 个评价因子最理想的属性数据值。

2）计算关联系数（度）。

$$\xi_i(k)=\frac{\min\limits_{i}\min\limits_{k}|C^*(k)-C'_i(k)|+\sigma\max\limits_{i}\max\limits_{k}|C^*(k)-C'_i(k)|}{|C^*(k)-C'_i(k)|+\sigma\max\limits_{i}\max\limits_{k}|C^*(k)-C'_i(k)|} \qquad (3-1)$$

$\xi_i(k)$ 表示第 i 系统第 k 个单项评价指标与第 k 个单项评价指标最优达标值的关联度，$\xi_i(k)\in[0,1]$；$C'_i(k)$ 表示第 i 系统第 k 个单项评价指标的实际值；σ 是分辨系数，$\sigma\in[0,1]$；且 σ 一般取 0.5。

按照上述方法即可对各个单项评价指标进行无量纲化。

(4) 对弹性指标的处理

对于评价指标体系中的弹性可变指标，往往很难用准确的评分来衡量，只能以较好或者较差等模糊概念来描述。因此需要通过一定的方法进行量化。可以以划分若干个评分标准区间的方法来确定评估中各模糊因素指标在评分标准区间内的隶属程度（隶属度），对评估中的弹性可变因素可确定评估程度向量，$V=[V_1, V_2, V_3, V_4, V_5]$，程度分量如表 3-8 所示。然后运用模糊数学的方法，对评估指标的隶属度进行处理，使得三级指标体系的每一项指标都可以得到一个相应的隶属度。这样，问题中的模糊因素就变得具体、量化，便于分析评估。

程度分量对应的分数区间　　　　　表 3-8

程度分量	V_1	V_2	V_3	V_4	V_5
模糊变量	好	较好	中	较差	差
分数区间	100～90	90～70	70～50	50～30	30～0

(5) 生态居住小区的综合评价

在对生态小区进行综合评价时，将以上各步骤所得到的评价指标体系的各项评价指标进行叠加分析，即以各指标评价结果的交集来确定生态居住区的综合评价（综合指

数法)。具体操作时,将单项指标内部的各指标内容采用多因子等权叠加,再计算各评价指标分值加权之和,即

$$P_i = \sum_{j=1}^{n} F_{ij} \times W_i \tag{3-2}$$

式中,P_i 为第 i 个系统的综合评价值;F_{ij} 为第 i 个系统第 j 个单项评价指标的无量纲值;W_j 为与 F_{ij} 相对应的权重值。最后再用相同的方法计算整个生态居住区的综合评分,从而判断生态居住小区的各项指标是否达标。

第三节 案 例 分 析

一、西雅图海珀社区(LEED-ND 案例)

位于西雅图西南郊的海珀社区是一个再更新项目,新社区选址位于一片始建于1942 年如今已经衰败了的老社区上,因而它的典型意义是将其重新改造成一个可持续的、宜人的新社区。

黄献明总结新社区规划设计的主要手法包括 7 个方面(黄献明,2008 年):

1. 公众参与,在改造建设伊始即积极听取社区居民的意见,并让居民公共组织全程参与新社区的规划、设计、建设的决策过程。

2. 贯彻紧凑开发的原则,适当提高建筑密度水平。

3. 恢复传统的街网设计:新社区的街网体系兼顾了城市公交系统的引入和现有社区融合的需要,抛弃现代规划理论提倡的道路分级手法,采取机动交通与步行交通结合、步行优先的均质交通体系。

4. 建设混合住区,开发适合不同阶层需要的住宅类型,增加社区的阶层多样性。

5. 建设多样的开放空间体系,根据原生植被保护需要,结合社区中心、不同居住组块,均匀布置尺度各异的各式开放空间,形成完整的开放空间体系。

6. 场地设计贯彻绿色原则:保护、修复场地的自然环境(123 棵现状树木得以保留),重复利用已有建筑及其材料,结合街道、院落建设雨水回渗系统,建设生态湿地和雨水收集池。

7. 所有新建筑要求参评 LEED 标准,住宅要求达到联邦健康住宅标准要求。

通过一系列精心的设计,新社区作为先期进行的 LEED-ND 试测项目达到金级要求,建筑能耗水平也从以前的人均年耗电量 4827kWh 降低到建成后的人均耗电量 2520kWh,建筑的实际绿色水平得到了飞跃性的提升。

二、浙江省温岭市生态居住小区详细规划

浙江省温岭市生态居住小区位于温岭市城市总体规划的东北分区,临近温岭市开发区产、学、研园区。区位优势明显,区内有湖漫水库泄洪河道贯穿,水网密布,充分体现了江南水乡的特色;自然条件优越,基地西南侧有石夫人山景区,使居住区具有良好的景观效果。整块用地约 133 万 m^2,共分为四个区块。基地内高差在 1m 左

右，较为平坦，是一块较为理想的居住建设用地。

该规划根据《绿色生态住宅技术导则》，按照生态技术、生态景观、生态住宅、基础设施和社区管理、生态文化五大部分来编制小区的生态规划。其中生态技术包括绿色能源技术与绿色环保技术两部分；生态景观包括自然生态系统与人工生态系统、生态绿化走廊、滨水生态公园、植被配置四个部分；生态住宅包括节能技术与绿色建材的使用等。

1. 生态居住小区评价指标体系总体框架的构建

在构建温岭市生态居住小区评价指标体系时，为减少不确定性对指标体系的影响，结合规划的具体内容，按照弹性、层次性以及可操作性原则，采用层次分析法（AHP），得出一个三层次的生态居住区评价指标体系（图 3-4）。最高综合指标为生态居住区综合评价指标体系（目标层），用以评价生态居住区发展程度；向下逐层分解为体现该项指标的亚指标（准则层），第二级为生态住宅、生态景观、生态技术、基础设施和社区管理、生态文化五大系统；直至底层的单项评价指标 24 项（三级指标）。

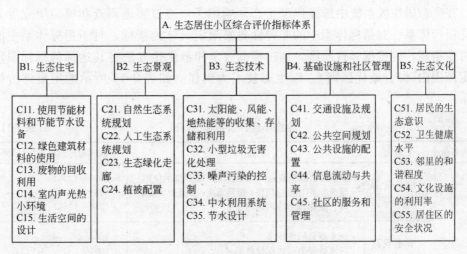

图 3-4　三层次生态小区评价指标体系

2. 单项评价指标权重的确定

将目标层 A 分解为 B、C 层，并采用特尔菲法（专家评判法）对 B_1、B_2、B_3 的相对重要性进行讨论，构造目标层与中间层的两两判断矩阵，并计算判断矩阵的特征根与特征向量如表 3-9 所示，得到本层次因子对于上一层次某因子互相之间的权重，并计算其随机一致性比例为 $CR=0.003<0.10$，说明判断矩阵具有满意的一致性。

目标层（A）与中间层（B）的判断矩阵　　　　　　　　　　　　表 3-9

A	B_1	B_2	B_3	B_4	B_5	W_i（权重 Weight）
B_1	1	2	1	2	3	0.2976
B_2	1/2	1	1/2	1	2	0.1579
B_3	1	2	1	2	3	0.2976
B_4	1/2	1	1/2	1	2	0.1579
B_5	1/3	1/2	1/3	1/2	1	0.0890

采用上述同样的方法分别构造中间层(B)各子系统及与其相对应的指标层(C)的两两判断矩阵，进行层次单排序，得到各指标层因子相对于其上一层子系统的权重，最后进行层次总排序，得到各指标层评价因子权重如表3-10所示。

指标层(C)评价因子权重　　　　　　　　　　表3-10

C	1	2	3	4	5
1	0.0931	0.0931	0.0525	0.0294	0.0294
2	0.0554	0.0299	0.0554	0.0173	—
3	0.0265	0.0886	0.0886	0.0470	0.0470
4	0.0249	0.0249	0.0470	0.0141	0.0470
5	0.0141	0.0265	0.0141	0.0080	0.0265

3. 生态居住小区评价指标体系单项评价指标的量化

在生态居住区系统中选择典型生态影响因子，通过实地调查和模型研究等方法量化指标体系。对指标体系中的非弹性要素限定具体的指标，对于指标体系中的弹性可变指标，则根据弹性原则，通过模糊数学和最优化方法将其达标的指标限定在一定范围内(综合最优区间)。以生态技术为例建立如表3-11所示的定量评价指标体系。

生态小区评价指标(部分)　　　　　　　　　　表3-11

五大系统	子系统	指标内容	最优指标达标指标(区间)
生态技术(0.25)	绿色能源技术(0.2)	新能源、绿色能源(主要是风能、太阳能的使用)	(8%～12%)
		建筑节能(主要是门窗、屋顶节能，以及窗口遮阳)	(45%～55%)
		绿色能源作为冷热源的比重	(8%～12%)
	节水设计(0.2)	节水器具的使用率	100%
		污水处理率与达标排放率	100%
		管道直饮水覆盖率	(75%～85%)
	生活垃圾管理、处理系统(0.25)	生活垃圾收集率、分类率	100%(65%，75%)
		生活垃圾收运密闭率	100%
		生活垃圾处理与处置率	100%
		生活垃圾回收利用率	(80%～90%)
	噪声污染的控制(0.2)	白天、夜间小区室外声环境(dB)	(0～45)、(0～40)
		白天、夜间小区室内声环境(dB)	(0～35)、(0～30)
	中水利用(0.15)	中水回用达到整个小区用水量的百分比	(85%～90%)

整个指标体系及其综合评价结果不仅可用于生态居住小区的评估，还可对生态居住小区各项设施的建设和规划提供科学的指导。

4. 结论

在构建生态居住小区评价指标体系过程中，存在大量不确定性因素。为减小不确定性因素的影响，在考虑不确定性影响下的生态居住小区指标体系构建时，引入"弹性原则"、模糊数学和最优化等方法，提出了一套构建符合我国国情的定性与定量结合的考虑不确定性的评价指标体系的方法，并结合实际设计项目，在构建温岭市生态居住小区评价指标体系中，按照弹性、层次性以及可操作性的原则，采用层次分析法（AHP），得出一个三层次包含五大系统和24个指标项的生态居住区评价指标体系，同时，利用专家评价和模糊数学等方法将指标体系中各项指标的权重及阈值进行量化，最后通过多因子叠加方法得到对生态居住小区综合评价。评价结果不仅对生态居住小区的综合评价具有积极的、现实的作用，还可为生态居住小区的规划提供指导作用。

思考题

1. 英国的 BREEAM 评价体系的基本原则是什么？
2. 请简要介绍 LEED 评价体系的主要内容有哪些。
3. 请简要说明 LEED-ND 体系对我国的启示。
4. 请比较 LEED 评价体系与《绿色建筑评价标准》的异同。
5. 请简要介绍绿色建筑评价与等级划分的方法。
6. 可持续居住区评价过程中会面临哪些不确定性问题？
7. "Q+L"二维评价体系比常规的评价体系有哪些优点？
8. 居住环境评价方法与理论有哪几方面主要内容？
9. 以西雅图海珀社区为例，说明通过哪些设计手法，能使新建或改建社区满足达到 LEED-ND 的要求。
10. 简单介绍在温岭市生态居住小区中，通过哪些方法减少评价过程中的不确定性影响。

参考文献

[1] 中华人民共和国建设部，中华人民共和国国家质量监督检验检疫总局. 绿色建筑评价标准 GBT 50378—2006. 北京：中国建筑工业出版社，2006.
[2] 秦佑国，林波荣，朱颖心. 中国绿色建筑评估体系研究 [J]. 建筑学报，2007.(3)：68～71.
[3] 张国强，徐峰，周晋等. 可持续建筑技术 [M]，北京：中国建筑工业出版社，2009.
[4] （日）浅见泰司. 居住环境评价方法与理论. 高晓路，张文忠，李旭等译. 清华大学出版社，2005.
[5] 黄献明. 精明增长＋绿色建筑——LEED-ND 绿色住区评价系统简介. 城市环境设计，2008(3)：80～83.
[6] 于维洋，刘璀. 绿色生态住宅小区环境性能评价研究. 中国人口·资源与环境，2007.17(4)：75～80.
[7] 李路明. 国外绿色建筑评价体系略览 [J]. 世界建筑，2002(05).
[8] 郭秀锐，杨居荣，毛显强，李向前. 生态城市建设及其指标体系 [J]. 城市发展研究，2001.(06).
[9] 殷文杰. 建筑生态环境质量评价的定量研究 [J]. 城市环境与城市生态，2003.16(2A)：56～58.
[10] 黄光宇，陈勇. 论城市生态化与生态城市 [J]. 城市环境与城市生态，1999(06).
[11] 宋永昌，戚仁海，由文辉，王祥荣，祝龙彪. 生态城市的指标体系与评价方法 [J]. 城市环境与城市生态，1999(05).

第三章 可持续居住区评价体系

[12] 张明顺,钟杰青. 层次分析法在城市环境规划指标体系研究中的应用 [J]. 环境科学研究,1995(05).
[13] 魏太兵,马恒升,朱长征. 绿色建筑评估体系的可持续发展 [J]. 山西建筑,2005(06).
[14] 徐子苹,刘少瑜. 英国建筑研究所环境评估法 BREEAM 引介 [J]. 新建筑,2002(01).
[15] 杨宁,董聪,江见鲸. 绿色建筑综合评估系统分析与探索 [A]. 第十二届全国结构工程学术会议论文集第Ⅲ册 [C],2003.
[16] 周建飞,曾光明,焦胜等. 生态居住小区评价指标体系的不确定性研究. 安全与环境学报,2005.5(2):24~27.

第四章 可持续居住区景观规划与设计

第一节 可持续居住区景观概述

一、景观和居住区景观的定义

"景观"在英文中为"landscape",在德语中为"landachaft",法语为"payage"。在中文文献中最早出现"景观"一词目前还没有人给出确切的考证。景观(Landscape)的定义有多种表述,但大都是反映内陆地形、地貌或景色的(诸如草原、森林、山脉、湖泊等),或是反映某一地理区域的综合地形特征。在居住区景观设计中,景观一般从形态上可分为两大类:一类是软质景观,如植被水体以及其他自然景观;另一类是硬质景观,如建筑、铺地等。另一种形态学的划分来自于景观生态学,将景观划分为斑块、廊道和基底。如果将一个一定规模的居住小区作为基底,其中的小区干道、线状的绿化空间与水体即为廊道,而单体住宅以及宅旁绿地为斑块。

二、生态景观与可再生景观

1. 生态景观

美国景观设计教育委员会在 1988 年为生态景观下的定义是:生态景观是指"有助于人类的健康发展又能够与周围自然环境相协调的景观。生态景观的建设不会对其他生态系统造成破坏或耗散其资源。人类活动会改变某地原有的生态环境,而可持续景观则能够与场地的结构和功能相依存。有价值的资源,如水、营养物、土壤等物质以及能量将得以保存,物种多样性将得以保护和发展。"

2. 可再生景观

在《以可持续发展为宗旨的再生设计》(Regenerative Design to Sustainable Development)一书中,作者莱尔(Lyle)认为,由人设计建造的现代化景观应当在当地能量流和物质流范围内持续有机更新的能力。因此,设计景观须采用可再生设计,即能够实现景观中物质能量流的循环过程。

三、可持续的居住区景观

本章在上述两种理论的前提下,综合考虑生态化和可持续发展因素,以居民的各种需要为出发点,针对居住区景观做出了一定研究,试图从生态学的角度分析问题,并提出一些可具体操作的住区景观规划措施。具体内容将在以下几节中详述。

第二节　景观生态学理论在可持续居住区景观规划中的应用

一、目前的居住区景观规划现状

随着居住小区的发展，经历了以建筑为主外部环境为辅的模式开始，人们对居住环境质量的要求提高，使居住区景观设计从数量转向质量，从外观转向内涵，从简单的环境设计转向生态优先的可持续景观规划与设计的发展历程。虽然目前居住区景观设计取得了长足的进步，但仍然存在较多问题。如存在居住区景观设计盲目抄袭、设计程序不科学、破坏环境、浪费资源、掠夺外部资源等问题。而且现有的分区模式也带来了一些社会问题，例如封闭式小区导致社会隔阂、城市场所的丧失等。这些问题超出了一般居住区规划的范畴，必须放到城市、区域的层面，也不仅仅是建筑师、规划师以及景观设计师所能解决，而是需要全社会的变革方能实现。

二、生态景观规划与住区生态景观规划的探讨

正如景观概念一样，景观规划对不同人来说也有不同的理解（Sedon，1986年）。但一个较为普遍的共识是：景观规划是在一个相对宏观尺度上，基于对自然和人文过程的认识，协调人与自然关系的过程（Steiner、Osterman，1988年；Sedon，1986年；Langevelde，1994年）。景观规划的过程就是帮助居住在自然系统中，或利用系统中的资源的人们找到一种最适宜的途径（麦克哈格，1969年）。它是一种物质空间规划（Physical Planning），它有别于其他三大规划流派（包括社会、公共政策和经济规划）的一个主要方面是它的空间特征。景观规划的总体目标是通过土地和自然资源的保护和利用规划，实现可持续性的景观或生态系统。既然景观是个生态系统，那么，一个好的或是可持续的景观规划，必须是一个基于生态学理论和知识的规划（Sedon，1986年；Leita、Ahern，2002年）。生态学与景观规划有许多共同关心的问题，如对自然资源的保护和可持续利用，但生态学更关心分析问题，而景观规划则更关心解决问题。

三、"斑块——廊道——基质"理论在住区景观规划中的应用

1."斑块——廊道——基质"理论与城市住区规划

景观生态学自产生至今，经过不同时期的发展，逐渐形成了复合种群理论、景观异质性理论、景观连接度及渗透理论等，它们为城市规划提供了新思路和新视角。在这些理论当中，影响最大、应用最广的就是"斑块——廊道——基质"理论。

根据景观生态学的观点，景观是一个由不同生态系统组成的异质性陆地区域，其组成单元称为景观单元，按照各种要素在景观中的地位和形状，景观要素分成三种类型：斑块（Patch）、廊道（Corridor）与基质（Matrix）。"斑块——廊道——基质"理论就是通过建立斑块、廊道和基质这一景观结构的基本模式，来对各类景观进行研究。景观生态学通过运用这一基本模式来探讨各类景观是怎样由斑块、廊道和基质所构成的，并且定量、定性地描述这些基本景观元素的形状、大小、数目和空间关系以及这些元

素在景观中的运动对景观有什么影响。

从景观生态学的角度来看，城市可以视为"基质"，而城市住区可以视为一种"斑块"。在景观生态的斑块设计与规划中，很重要的一点就是"边缘效应"的体现，应该使城市住区成为城市系统的一个有机组成部分，相互之间可以互相作用，相互渗透。

因此在城市总体规划以及各分区控制性规划中，应该注意城市住区所在位置与其周边地区的联系，尽可能使居住区绿地与城市线状绿地衔接，连接成连续性开放空间或绿地。另外，在住区规划中，要注意对住区边界的设计，不能简单地用栏杆、围墙等人工景观元素将城市住区用地生硬地割裂开来，而是通过自然要素的渗透和建立"柔化"边界等手法，将住区边界设计成一个"缓冲带"，在城市住区与城市之间形成一个良好过渡的同时，也使各类的能量、信息和生物流能顺畅地与城市外部交流。

2. 基于"斑块——廊道——基质"理论的城市住区景观规划

（1）基底——绿地系统

以往城市住区设计往往先设计建筑以及道路等人工设施，俞孔坚教授提出的"反规划"为我们提供一个新的思路：以自然生态空间为基础，在保护人和自然构成的生态系统的完整性以及生物多样性的基础上，设计人与自然和谐相处的居住活动的相关设施与空间。在这个基础上，绿地系统为主体的绿色空间可作为整个住区景观生态系统的基底。自然系统的连续性是保证系统本身能够自我调节、良性循环的重要前提。应该促进居住区绿地形成一个具有较好整体性与连通性的完整系统，结合居住小区的功能要求以及气候、地理特点，设计一个"以自然为骨架"绿色开放空间系统，通过各种植物廊道将小区内中心绿地各组团绿地连接起来。在此基础上布置包括建筑在内的其他景观元素。

（2）斑块——公共空间和建筑基底

斑块在外貌和性质上与基质有明显的差异，并且是非线性的区域。城市住区的建筑和公共空间作为异质性景观元素，主要为人类活动区域，可以视为住区景观系统的斑块。注意公共空间与建筑的边界过渡作用，以自然或流线型的种植软化边界生硬的边角。此外，也应该保证斑块内部能量、物质的自然流通，因此，斑块的周边应该开放，允许足够空间保证斑块间的相互渗透，注意"软质"和"硬质"空间的比例和合理搭配。

（3）廊道——道路系统与指状绿地

在城市住区，道路连接各个建筑和公共空间，同时分隔自然空间，扮演廊道的角色。在住区内提倡良好的步行系统以减少机动车的使用；在道路与绿化系统，特别是带状绿地、溪流交接的地方，设置涵洞或者桥梁，使其成为生物廊道。控制步行道路的宽度，路面设计避免水泥或者柏油路的铺装，而是选择渗水性强的嵌草砖或者其他铺装。重视道路两侧绿化，设置林荫带，行道树采用树冠较高的乔木；乔木下部种植绿篱，特别是东西向道路宜形成立体的绿化格局，减少噪声的影响。

指状绿地是指通过带状绿地将住区的组团绿地与中心绿地连接成片，犹如中心绿地伸出的手指，而指状绿地与道路系统作为两组不同的廊道系统，互相渗透包容，在交接处采取立体交叉的模式，尽量减少道路对指状绿地的干扰。

四、居住区景观设计基本原则

居住区景观是为人而设计、创造的，在居住环境建设中，应当"以人为本"，从满足居民的各种需要出发，使居住区景观具备一些基本特征。

在建设部试行的居住区环境景观设计导则中，认为居住区环境景观设计应坚持以下原则：

1. 坚持社会性原则

赋予环境景观亲切宜人的艺术感召力，通过美化生活环境，体现社区文化，促进人际交往和精神文明建设，并提倡公众参与设计、建设和管理。

2. 坚持经济性原则

顺应市场发展需求及地方经济状况，注重节能、节材，注重合理使用土地资源。提倡朴实简约，反对浮华铺张，并尽可能采用新技术、新材料、新设备，达到优良的性价比。

3. 坚持生态原则

应尽量保持现存的良好生态环境，改善原有的不良生态环境。提倡将先进的生态技术运用到环境景观的塑造中去，利于人类的可持续发展。

4. 坚持地域性原则

应体现所在地域的自然环境特征，因地制宜地创造出具有时代特点和地域特征的空间环境，避免盲目移植。

5. 坚持历史性原则

要尊重历史，保护和利用历史性景观，对于历史保护地区的住区景观设计，更要注重整体的协调统一，做到保留在先，改造在后。

第三节 可持续居住区景观规划设计

一、居住区生态化规划存在的问题

居住区在规划阶段必须考虑居住区的生态化与可持续发展。然而，目前居住区生态化研究集中在建筑单体节能措施上，夏伟认为，"当前关于居住区生态化的研究相对集中在单体建筑的节能措施上，可分为两类：一类是探讨建筑设计和气候的关系，例如利用建筑气候设计原理分析气候条件和热舒适的关系建立了被动式设计方法的边界气候条件；另一类则按照分区（气候区、行政区）开展针对性的研究，如在夏热冬冷地区的节能设计策略中开展研究。这些研究一般涵盖体形、房间、外围护结构、窗及遮阳等方面，形成了较为系统的学术成果，与此同时居住区规划设计的其他相关研究也已经在太阳能利用、水处理、空气调节、植物学等方面取得了很多进展。""但是就目前的情况来看，由于种种原因，这些研究并没有在住宅区规划设计的时候得到很好的综合应用和考虑。"

造成这种现象的主要原因是"有些研究主要只对单体的设计有参考价值，在规划阶段难以（或者不需要）兼顾，另一个原因是还没有建立一个能够在规划设计的时候就统筹考虑相关技术的设计机制。设计者对这些技术缺乏系统的了解。"

下面想就居住区景观环境设计涵盖的 11 个方面内容探讨如何在居住区规划阶段贯彻实施生态化的目标。

二、景观环境规划的主要内容

1. 总体环境

景观环境规划必须符合城市总体规划、分区规划及详细规划的要求，要从场地的基本条件、地形地貌、土质水文、气候条件、动植物生长状况和市政配套设施等方面分析设计的可行性和经济性。

依据住区的规模和建筑形态，从平面和空间两个方面入手，通过合理的用地配置，适宜的景观层次安排，必备的设施配套，达到公共空间与私密空间的优化，达到住区整体意境及风格塑造的和谐。通过借景、组景、分景、添景等多种手法，使住区内外环境协调。濒临城市河道的住区宜充分利用自然水资源，设置亲水景观；临近公园或其他类型景观资源的住区，应有意识地留设景观视线通廊，促成内外景观的交融；毗邻历史古迹保护区的住区应尊重历史景观，让珍贵的历史文脉融于当今的景观设计元素中，使其具有鲜明的个性，并为保护区的开发建设创造更高的经济价值。

住区环境景观结构布局　　　　　　　　　　　表 4-1

住区分类	景观空间密度	景 观 布 局	地形及竖向处理
高层住区	高	采用立体景观和集中布局形式。高层住区的景观总体布局可适当图案化，既要满足居民在近处观赏的审美要求，又需注重居民在居室中向下俯瞰时的景观艺术效果	通过多层次的地形塑造来增强绿视率
多层住区	中	采用相对集中、多层次的景观布局形式，保证集中景观空间合理的服务半径，尽可能满足不同年龄结构、不同心理取向居民的群体景观需求，具体布局手法可根据住区规模及现状条件灵活多样，不拘一格，以营造出有自身特色的景观空间	因地制宜，结合住区规模及现状条件适度地形处理
低层住区	低	采用较分散的景观布局，使住区景观尽可能接近居民，景观的散点布局可结合庭园塑造尺度适人的半围合景观	地形塑造的规模不宜过大，以不影响低层住户的景观视野又可满足其私密度要求为宜
综合住区	不确定	宜根据住区总体规划及建筑形式选用合理的布局形式	适度地形处理

2. 空间环境

我国居住区空间结构一般为住宅及宅旁绿地→居住组团→居住小区→居住区四级结构，这一理论在多年实际运用中产生了弊端，"主要在于居住区被人为地作块状划分，各级公共空间和绿地缺乏有机的联系，导致功能系统看似有组织而实际产生的空间环境无秩序，作为小区中公共活动的核心部分，组团和组团之间的空间及道路没有得到充分的重视。另外，建筑及空间具有的心理、文化及社会性因素被忽视，传统上作为人们聚集、活动、交往的公共空间——街道、广场只是通道和空旷的草地，失去了其真正意义。居住区缺乏传统聚落所具有的可识别性和归属感，加之现实中存在的问题，如城市管理部门对组团绿地、集中绿地的苛刻要求，开发商对条形建筑的依赖、对建筑间距的吝啬，居民对人车分流及朝向均好性的追求，使居住区空间形态日趋单调和雷同。"

针对以上种种弊端，荆子洋、张键认为，公共空间的系统组织是改善居住区空间环境以及可识别性的重要手段，因此提出"以连续的公共空间组织为主线的小区规划设计思路"。首先可以借鉴空间私密系统"二级化"，即"通过一系列丰富多彩的街道、广场等开放空间到达自己家门口或门前绿地，房屋周围有内院或花园，由公共至私密，系统简单明了，呈现出'房前屋后'私密性二级化空间特点。"另外，针对现行条形住宅组合成的"等量空间"具有空间识别性差、乏味等缺点，与此同时，由于必须满足通风采光等现实要求，而无法改变"等量空间"作为基本组群形式的特点，提出将设计的核心集中在如何组织"等量空间"之外的"变量空间"，并根据情况调整"等量空间"的形态的思路。"在总平面设计时，设计人引入等量与变量空间概念，并采用图底关系分析方式，即使'等量空间'与'变量空间'互为图底进行空间形态的设计与编排。""首先，在设计中不刻意制造人车分流及分级道路系统和绿地系统，而是利用图底关系将'等量空间'之外的'变量空间'作为主视觉空间，主视觉空间又反映了主道路系统，'等量空间'反映了小区较安静、私密的部分，'变量空间'则反映了较公共、开放的部分，呈现出具有传统城市居住模式相类似的'二级化'空间特征。其结果是空间关系与交通组织，同时也与私密层次系统产生了高度的统一。"

3. 光环境与地形

住区休闲空间应争取良好的采光环境，有助于居民的户外活动，在气候炎热地区，需考虑足够的荫庇构筑物，以方便居民交往活动。

另外充分利用地形来制造良好的光环境，B·P·克罗基乌斯认为，"地形的构造及海拔高程，对用地的日照、温湿度、风力方向、噪声和污染物质在大气中传播的影响，对于形成城市周围的地方性环境卫生状况有决定性的作用。"

徐小东、徐宁认为："地形对太阳辐射的影响由与地形相关的辐射状态的差异所决定。首先，因地理方位、地形、坡度、标高以及太阳直接辐射和天空漫射不同，地面各处的太阳辐射量呈现出明显的差异性。其中，对地区太阳辐射量影响最大的还是坡态。对于东西向延伸凸起的地形可能遮挡用地日照的问题应在方案设计时加以考虑。坡态还影响到基地上建筑物的阴影长度，位于南坡的阴影缩短，而在北坡的则变长。为确保城市室内外空间必要的日照，在选择建筑类型与设计手法时，必须考虑到此类因素。"

选择硬质、软质材料时需考虑对光的不同反射程度，并用以调节室外居住空间受光面与背光面的不同光线要求；住区小品设施设计时宜避免采用大面积的金属、玻璃等高反射性材料，减少住区光污染；户外活动场地布置时，其朝向需考虑减少眩光。

在满足基本照度要求的前提下，住区室外灯光设计应营造舒适、温和、安静、优雅的生活气氛，不宜盲目强调灯光亮度，光线充足的住区宜利用日光产生的光影变化来形成外部空间的独特景观。

4. 通风环境

影响城市局地微气候环境的基本地形如丘陵、山脊、山坡、谷地等，它们都有着相对独立的自然生态特点。分析不同地形及与之相伴的局地微气候条件，能为城市设计提供一定的理论依据。另外，"在场地整理时，我们可以充分利用小地形或制造小地形以达到调控特殊的微气候的目的，从而改变该地域的风向，也容易为某个特别的地形实现降温或升温的目的。与此同时，由于全球气候特征差异性极大，城市规划设计还应根据当地不同的生物气候条件，合理确定结合地形的规划设计应对策略。"

夏伟认为，风环境优化的具体调整方法为：(1)在出现高速风廊道时，通过调整廊道周边建筑物的位置，靠近直至连接或者将该处放大，以减少压差，避免廊道效应；或者可以结合园林绿化的设置，用一些高大且叶密度较大的乔木结合灌木来布置挡风墙，尽量减小廊道效应的不利影响。(2)建筑(群)物的朝向最好是和主导风向垂直或者小于30°的夹角，如果有现状条件限制，可以通过单体设计加以调整。例如在立面上结合垂直遮阳设置一些导风板将风引导进入室内。如果效果还不理想，可以在建筑单体设计的时候利用热压通风效应在建筑的内部形成'烟囱效应'达到有效的自然通风。

就住区内部空间组合而言，住宅建筑的排列应有利于自然通风，不宜形成过于封闭的围合空间，做到疏密有致，通透开敞。为调节住区内部通风排浊效果，应尽可能扩大绿化种植面积，适当增加水面面积，有利于调节通风量的强弱。户外活动场的设置应根据当地不同季节的主导风向，并有意识地通过建筑、植物、景观设计来疏导自然气流，加强通风效果。

5. 声环境

城市住区白天噪声允许值宜不大于45dB，夜间噪声允许值宜不大于40dB。靠近噪声污染源的住区应通过设置隔声墙、人工筑坡、种植植物、水景造型、建筑屏障等进行防噪。住区环境设计中宜考虑用优美轻快的背景音乐来增强居住生活的情趣。

6. 地形与温、湿度环境

徐小东、徐宁认为，环境温湿度与地形密切相关，"在地形较为复杂时，由于太阳辐射的不同，再加上其他诸多因素的综合作用，而形成城市局部地区特定的温湿状态，高大山脉形成潮湿的向风坡，而小的山脉则形成潮湿的背风坡。当遇到高大的山脉坡地，潮湿空气集聚并且快速上升，当空气达到其露点时，就会在向风坡形成湿冷气候。穿过山脊，空气下降并逐渐变暖，低于其相对湿度而使背风坡变得干燥，因而造成'迎风坡多风多雨，而背风坡干旱少风'的局部气候现象。对于小的山体，情况恰恰相反。温湿状态还主要表现为气温与地方海拔高程的规律性关系上。在通常情况下，温度呈现为一定的垂直梯度，当一定体积的空气上升时，每升高100m平均温度大约下降1℃，而当一定体积的空气下降时，温度也以同样的速率升高。"

"由此可见，地形高差所形成的城市内部温差对改善居住条件非常有效。寒冷或炎热地区的城市功能布局，如能对地形及其引起的温湿状态变化加以综合考虑和利用，对于提高城市环境的舒适性有积极作用。"

在住区规划设计里，要充分考虑适应不同气候带，不同地形条件下的选址、布局模式，同时，要综合考虑景观植物对温湿度的调节作用。

温度环境：环境景观配置对住区温度会产生较大影响。北方地区冬季要从保暖的角度考虑硬质景观设计；南方地区夏季要从降温的角度考虑软质景观设计。

湿度环境：通过景观水量调节和植物呼吸作用，使住区的相对湿度保持在30%～60%。

7. 水环境

居住区规划设计的水环境系统需要进行全面规划。给水排水系统、污水处理及回用系统、雨水收集及利用系统、景观以及绿化用水补水系统等都要在规划阶段予以综合考虑。

（1）中水处理

居住区主要建立区域与建筑中水系统，并考虑与城市中水系统的衔接问题。目前国际比较先进的中水处理技术是生态工程技术处理，例如CASS(Cyclic Sludge System)工艺等。该工艺是在序批式活性污泥法的基础上，反应池沿长度方向设计为两部分，前部为生物选择区也称预反应区，后部为主反应区，在主反应区后部安装了可升降的自动撇水装置。曝气、沉淀、撇水等过程在同一池子内周期循环运行，省去了常规活性污泥法的二沉池和污泥回流系统。

中水处理目标是有机污染物的去除，因此生活污水的处理设计主要围绕降解去除有机污染物和隔油处理展开。目前生活污水的处理方法很多，不同的处理工艺均有一定的针对性、独特性。

（2）雨水收集

建构雨水收集系统，主要包括地面透水砖、地下管道、蓄水池等构成。地面的透水砖会迅速将雨水吸入地下的砂石层，雨量小时涵养水土，雨量大到形成积水时，地下管道会将雨水引入小区地下的蓄水池中。屋顶的排水管道、地面的雨水井更是直接将雨水源源不断地排入蓄水池里。

（3）人工湿地污水处理系统

人工湿地污水处理系统是由一些适合在污染环境条件下生存的，以大型水生植物为主的高、低等生物与处于水饱和状态的基质组成的人工复合体。由于其特殊的生理功能，即在各种湿地生物的共同参与下，能将进入湿地系统的污染物质同时也是湿地生物的营养物质，经过系统内各环节的"新陈代谢"进行分解、吸收、转化、利用，达到去除目的，在居住区环境的水设计中有非常广阔的应用前景。人工湿地的设计主要关系到湿地土层结构改造护岸设计、确定湿地面积、基床表层设计水深、植物配置设计、管理措施等内容。例如长沙保利地产麓谷林语小区的人工湿地污水处理工程中，采用了高效垂直流湿地工艺，其来源是深圳市环境科学研究所的专利技术"垂直流人工湿地系统"，这是一种高效生态治污技术，且具有良好的景观效果，特别适宜在小区里使用。其工艺流程包括以下内容：

1）水解酸化池及接触氧化池为地埋式前处理池，在人工湿地的底部，不会对周围的景观环境产生影响，不会产生臭气。

2）水解酸化池和接触氧化池安装有弹性填料，以增加有机物的去除效率，从而有利于后续处理。

3）湿地植物选择具有良好景观效果的挺水植物，多种植物杂种，以形成花圃的氛围。

4）湿地出水作为小区绿化用水，节约自来水使用量，提高本项目的经济效益。

5）人工湿地间歇进水，增强湿地复氧率，在湿地上部、中部、下部形成好氧、兼氧、厌氧的环境。

第三节 可持续居住区景观规划设计

麓谷林语的人工湿地污水处理工程包括前处理系统(图4-1左)和湿地处理系统(图4-1右)两部分组成，处理后出水排入雨水池。其中人工湿地系统占地总面积为1400m²，处理规模为：$Q_d=550m^3/d$，$Q_h=22.9m^3/h$（Q_d：废水平均日流量，Q_h：废水平均每小时流量）。出水水质按城市污水再生利用、城市杂用水水质标准(GB/T 18920—2002)的标准执行。

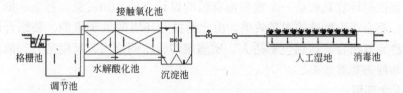

图4-1　高效垂直人工湿地流程图

8. 地表环境

（1）透水地面

在人行道、步行街、自行车道、郊区道路等受压不大的地方，采用透水性地砖，砖与砖之间采用透水性填充材料拼接；对于自行车存放地和停车场，选用有孔的混凝土砖，并在砖孔中用土填充，以利于杂草生长，使40%的地面具有绿化功能；公园和街头广场等地方，选用实心砖铺路，但砖与砖之间会留出空隙，空隙中留有泥土，天然的草可在此处生长，这样可形成35%的绿化面积；在房舍周围、居住区步行道、公园的步行道上，由于往来行人较多，采用细碎石或细鹅卵石铺路，不仅地面透水性好，而且还不长杂草；居住区街道的主要路面则用有孔砖加碎石来铺设，即在带孔的地砖孔中撒入碎石，可使雨水顺利渗透，其地面的热反射也大大降低。

（2）绿化混凝土

可代替普通混凝土进行施工，这种绿化混凝土的骨料不使用砂，而是大量使用玻璃、拆除的混凝土等再生材料，采用特殊的配比，使颗粒之间有较大的孔隙，并在其间添加一些辅助培养剂，使混凝土能够生长植被。这种绿化混凝土既利用了废旧材料，又在保证工程质量的前提下，有效地增加了绿化面积，收到良好的生态效果。

（3）生态护坡

图4-2是生态护坡的标准结构断面图。在实际应用中，根据具体情况结构可有所改变，如基础好且不需防渗地段可以不采用土工膜，在水位线下可以不必覆土等。生态护坡所用主材——绿化混凝土，其材料与普通混凝土基本相同，多采用再生碎石，关键是配比不同，在里面要掺加一些添加剂。

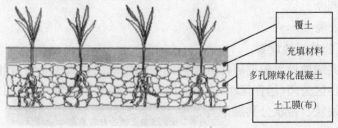

图4-2　生态护坡标准结构断面图

9. 嗅觉环境

住区内部应引进芳香类植物，排斥散发异味、臭味和引起过敏、感冒的植物。

必须避免废异物对环境造成的不良影响，应在住区内设置垃圾收集装置，推广垃圾无毒处理方式，防止垃圾及卫生设备气味的排放。

10. 视觉环境

以视觉控制环境景观是一个重要而有效的设计方法，如对景、衬景、框景等设置景观视廊，都会产生特殊的视觉效果，由此而提升环境的景观价值。要综合研究视觉景观的多种元素组合，达到色彩适人、质感亲切、比例恰当、尺度适宜、韵律优美的动态观赏和静态观赏效果。

11. 人文环境

建筑设计应考虑建筑空间组合、建筑造型等与整体景观环境的整合，并通过建筑自身形体的高低组合变化与住区内、外山水环境的结合，塑造具有个性特征和可识别性的住区整体景观。

建筑外立面处理：

（1）形体。住区建筑的立面设计提倡简洁的线条和现代风格，并反映出个性特点。

（2）材质。鼓励建筑设计中选用美观经济的新材料，通过材质变化及对比来丰富外立面。建筑底层部分外墙处理宜细，外墙材料选择时需注重防水处理。

（3）色彩。居住建筑宜以淡雅、明快为主。在景观单调处，可通过建筑外墙面的色彩变化或适宜的壁画来丰富外部环境。

（4）住宅建筑外立面设计应考虑室外设施的位置，保持住区景观的整体效果。

三、居住区景观基本要素设计

1. 居住区景观设计的概念

居住区景观设计是景观设计师通过技术的手段，控制景观居住区系统的物质循环和能量流动，同时借鉴于景观现象学的分析方法，从人的环境体验来探讨景观设计方法及其形成人与自然和谐的生态环境。

2. 居住区景观设计分类

（1）分类原则

景观设计分类是依居住区的居住功能特点和环境景观的组成元素而划分的，不同于狭义的"园林绿化"，是以景观来塑造人的交往空间形态，突出了"场所＋景观"的设计原则，具有概念明确，简练实用的特点，有助于工程技术人员对居住区环境景观的总体把握和判断。

（2）绿化景观

1）居住区公共绿地设置

居住区公共绿地设置根据居住区不同的规划组织结构类型，设置相应的中心公共绿地，包括居住区公园（居住区级）、小游园（小区级）和组团绿地（组团级）以及儿童游戏场和其他的块状、带状公共绿地等。

2）宅旁绿化

宅旁绿地贴近居民，特别具有通达性和实用观赏性。宅旁绿地的种植应考虑建筑物的朝向，如在华北地区，建筑物南面不宜种植过密以致影响通风和采光。在近窗处不宜种高大灌木，而在建筑物的西面，需要种高大阔叶乔木，对夏季降温有明显的效果。

宅旁绿地应设计方便居民行走及滞留的适量硬质铺地，并配植耐践踏的草坪。阴影区宜种植耐阴植物。

3) 隔离绿化

居住区道路两侧应栽种乔木、灌木和草本植物，以减少交通造成的尘土、噪声及有害气体，有利于沿街住宅室内保持安静和卫生。行道树应尽量选择枝冠水平伸展的乔木，起到遮阳降温作用。

公共建筑与住宅之间应设置隔离绿地，多用乔木和灌木构成浓密的绿色屏障，以保持居住区的安静，居住区内的垃圾站、锅炉房、变电站、变电箱等欠美观地区可用灌木或乔木加以隐蔽。

4) 架空空间绿化

住宅底层架空广泛适用于南方亚热带气候区的住宅，利于居住院落的通风和小气候的调节，方便居住者遮阳避雨，并起到绿化景观的相互渗透作用。架空层内宜种植耐阴性的花草灌木，局部不通风的地段可布置枯山水景观。

5) 平台绿化

平台绿化一般要结合地形特点及使用要求设计，平台下部分空间可作为停车库辅助设备用房、商场或活动健身场地等，平台上部空间作为安全美观的行人活动场所。要把握"人流居中，绿地靠窗"的原则，即将人流限制在平台中部，以防止对平台首层居民的干扰，绿地靠窗设置，并种植一定数量的灌木和乔木，减少户外人员对室内居民的视线干扰。

6) 屋顶绿化

屋顶绿地分为坡屋面和平屋面绿化两种，应根据上述生态条件种植耐旱、耐移栽、生命力强、抗风力强、外形较低矮的植物。坡屋面多选择贴伏状藤本或攀缘植物。平屋顶以种植观赏性较强的花木为主，并适当配置水池、花架等小品，形成周边式和庭园式绿化。

7) 停车场绿化

停车场的绿化景观可分为：周界绿化、车位间绿化和地面绿化及铺装。

(3) 道路景观

道路作为车辆和人员的汇流途径，具有明确的导向性，道路两侧的环境景观应符合导向要求，并达到步移景移的视觉效果。道路边的绿化种植及路面质地色彩的选择应具有韵律感和观赏性。

在满足交通需求的同时，道路可形成重要的视线走廊。因此，要注意道路的对景和远景设计，以强化视线集中的景观。

休闲性人行道、园道两侧的绿化种植，要尽可能形成绿荫带，并串联花台、亭廊、水景、游乐场等，形成休闲空间的有序展开，增强环境景观的层次。

第四章 可持续居住区景观规划与设计

居住区内的消防车道占人行道、院落车行道合并使用时，可设计成隐蔽式车道，即在4m宽的消防车道内种植不妨碍消防车通行的草坪花卉，铺设人行步道，平日作为绿地使用，应急时供消防车使用，有效地弱化了单纯消防车道的生硬感，提高了环境和景观效果。

（4）场所景观

包括健身运动场、休闲广场以及游乐场等。这些场地设施应该根据主区规模和规划设计要求确定，具有良好的日照和通风条件以及适当的遮阳避雨的设施，并根据需要设置庭荫树和休息座椅，为居民提供休息、活动、交往的设施，在不干扰邻近居民休息的前提下保证适度的灯光照度。儿童游乐场和老年活动区都应与住区的主要交通道路相隔一定距离，减少汽车噪声的影响并保障儿童、老人的安全。游乐场的选址还应充分考虑儿童活动产生的嘈杂声对附近居民的影响，以离开居民窗户10m远为宜。儿童游乐场周围不宜种植遮挡视线的树木，保持较好的可通视性，便于成人对儿童进行目光监护。

（5）硬质景观

硬质景观是相对种植绿化类软质景观而确定的名称，泛指用质地较硬的材料组成的景观。硬质景观主要包括雕塑小品、围墙、栅栏、挡墙、坡道、台阶及一些便民设施等。

（6）水景景观

水景景观以水为主，水景设计应结合场地气候、地形及水源条件。南方干热地区应尽可能为居住区居民提供亲水环境，北方地区在设计不结冰期的水景时，还必须考虑结冰期的枯水景观。包括自然水景、庭院水景、泳池水景、装饰水景和景观水景。

（7）庇护性景观

庇护性景观构筑物是住区中重要的交往空间，是居民户外活动的集散点，既有开放性，又有遮蔽性。主要包括亭、廊、棚架、膜结构等。

庇护性景观构筑物应邻近居民主要步行活动路线布置，易于通达，并作为一个景观点在视觉效果上加以认真推敲，确定其体量大小。

（8）模拟化景观

模拟化景观是现代造园手法的重要组成部分，它是以替代材料模仿真实材料，以人工造景模仿自然景观，以凝固模仿流动，是对自然景观的提炼和补充，运用得当会超越自然景观的局限，达到特有的景观效果。模拟景观分为假山石、人造山石、人造树木、枯水、人工草坪、人工坡地、人工铺地等。

（9）高视点景观

随着居住区密度的增加，住宅楼的层数也愈建愈多，居住者在很大程度上都处在由高点向下观景的位置，即形成高视点景观。这种设计不但要考虑地面景观序列沿水平方向展开，同时还要充分考虑垂直方面的景观序列和特有的视觉效果。

高视点景观平面设计强调悦目和形式美，大致可分为两种布局。

1）图案布局。具有明显的轴线、对称关系和几何形状，通过基地上的道路、花卉、绿化种植物及硬铺装等组合而成，突出韵律及节奏感。

2) 自由布局。无明显的轴线和几何图案，通过基地上的园路、绿化种植、水面等组成，如高尔夫球练习场，突出场地的自然化特征。

(10) 照明景观

居住区室外景观照明的目的主要有4个方面：1)增强对物体的辨别性；2)提高夜间出行的安全度；3)保证居民晚间活动的正常开展；4)营造环境氛围。

照明作为景观素材进行设计，既要符合夜间使用功能，又要考虑白天的造景效果，必须设计或选择造型优美别致的灯具，使之成为一道亮丽的风景线。

四、基于生物气候型的居住区景观设计的探讨

徐小东、徐宁的文章《地形对城市环境的影响及其规划设计应对策略》认为，"城市物理结构的许多特征可以影响城市微气候，在自然环境的诸因素中，地形的构造及海拔高程，对用地的日照、温湿度、风力方向、噪声和污染物质在大气中传播的影响，对于形成城市周围的地方性环境卫生状况有决定性的作用"。地形、太阳辐射和风组合生成小气候，对当地大气候的某些特征会起到一定的调节作用，我们可以根据当地大气候和季节特征，利用这些微气候从而使一些场地比其他地方更为舒适。由于城市结构可以因地制宜地通过城市规划设计来加以控制与引导，随着这些改善，能够提高城市环境的热舒适性，降低建筑物冬季采暖、夏季制冷所需的能量消耗，同时也提高了效率，对我国开展在建设"和谐社会"和"节约型社会"背景下的城市设计具有重要的指导和示范作用。

1. 房屋和可持续景观

一间经过可持续设计的房屋应为其使用者提供非常吸引人的、安全、健康、舒适的人类居住环境。所谓吸引就是房屋的设计应兼顾和谐与混乱，并尽量反映其使用者的兴趣和特性，而它的外观并不需要追随一些现代建筑的风格。相反，其设计应在视觉上附和于周围的风景，反映其特性并与之合而为一，另外还应考虑到这一地区的气候。一个日本家庭邀请客人参观新家的故事或多或少地影响着其中一些设计。客人们来看的并不是大厦本身，而是从窗口看出去的户外空间和花园。房屋应对人们产生积极的影响并使人们的精神饱满、身体健康，而这些要借助窗外美丽的风景以及对居住者有积极影响的有意义的空间和内部与外部空间的协调关系。

2. 气候的考虑

建筑业消耗了大量的电能，其中的50%或者更多用于室内空间的加热和制冷。为了尽可能实现房屋设计和建造的能源经济化，地方性设计的房屋和景点通常都会考虑气候因素并结合由此引发的身体的特性。为了抗击冬天的冷风，可以设置一种风面使风向偏离。风面是由设置成组的、持续长高的常绿植物形成，这样它们可以使风向偏离到一定的户外空间以减少热量流失。这种植物坡道还可以通过对流净化房屋周围的空气，减少热量流失。为了进一步减少冷风的影响，房屋可以被设计得很紧密，以减少其暴露在冷空气和冷风中的外部面积。

为了解决夏天的太阳带来的升温效应，房屋可以借由建筑悬垂物和(或者)树木来遮蔽。为了使气温再凉爽4～6℃，避免夏季太阳直射进入房间，人流频繁活动的室外

空间，如广场、道路也尽量通过植被或遮阳设施避免阳光直射。

获取冬天的太阳能并利用其来供暖能够减少冬天的供暖需求。冬天的太阳光能够进入房屋，照射在地板上和墙上并转换成热能并能在室内温度下降时释放出来。通过实施这些低技术性的方法，供暖所需要的能量就少之又少了。我们应该将房屋的形状设计和土地及其自然变化过程相融合。为了达到这一目的，我们应该充分考虑在特殊气候地区内与太阳、风力以及冷热季节密切相关的材料使用和便利的形式。

3. 窗口及其方位

房屋的窗口有很多用途，提供视窗、空气流通、传播太阳辐射并吸收和储存热能、光能和室内的通风换气。在房屋位置的设计过程中，已存在或计划中的景点特色应该作为选择窗口位置的考虑因素。在设计阶段，为了传播光线所选择的窗口位置可以考虑进一步利用自然光。

窗口的位置可以影响房屋内的自然空气流动。如果窗口位于建筑物的相对方位并且没有挡风墙间隔空间，户外风进入建筑物内将产生不同的空气压力，风进入的一面的压力增强，而无风的另一面墙附近会产生一个低压区，这样就使得空气从高压区流向低压区。另一种利用空气的自然运动进行通风、冷却室内空间的方法就是利用自然对流，密度小的热空气会上升并被凉爽的、密度大的空气所替代。尽管建筑物内没有空调，但是在很热的天气室内也会感觉很凉爽。

4. 遮蔽以创建凉爽温度

在制冷需求大于供暖需求的地方，创建有遮蔽的区域会使得房屋内部和周围的温度更加宜人，阴凉处会比太阳下凉爽 $4\sim8℃$。房屋的悬垂物，无论是房顶的悬垂物还是建筑物的突出部分(适用于两层建筑)，会阻断几乎所有能产生热量的太阳辐射。在选择数目的时候，要注意落叶性乔木能够阻挡夏季 $60\%\sim90\%$ 的太阳辐射，冬季 $20\%\sim50\%$ 的辐射(当叶子脱落且需要太阳热量的时候)。很明显，落叶性乔木可以阻挡太阳能量的辐射，但不能起到修筑的悬垂物的功效。

离开地面建筑在升起的地基之上的房屋可以受益于其覆盖的阴凉处，温度可再降 $4\sim8℃$。内部升高的热量可以借助由地板传递到下方被遮蔽的凉爽空间，使得房屋内部变得凉爽。

5. 标准化材料及其未来的再利用

选择材料的一个标准就是当房屋和景点拆除后，这些标准化材料还可以再利用。铺路材料的选用有多种方法，少选用在终止使用后要被打碎并运送到垃圾处理厂的沥青和水泥材料。例如，在一个池塘边修建砂岩平台，在砂岩与碎石的中间铺设一层厚的灰泥层来代替 120mm 厚的混凝土钢筋板材。在分选好的 51mm 厚的碎石下面铺设过滤层可以强化碎石层，防止其向土壤渗透。碎石层上厚厚的灰泥层相对于混凝土钢筋板材来说可以为砂岩层创建一个平衡的表面，使其更稳固。如果有一天要移动这个平台，砂岩层可以用杠杆来提升，去掉灰泥层之后还可以用于其他表面。碎石层也可以和过滤层一起被重新利用。

在修筑车道时应考虑使用可循环、再利用的标准化材料来取代注入型的混凝土。可以在 76mm 厚的碎石层下面铺设过滤层，来防止碎石层向土壤渗透，碎石和砂石经过处理可以和混凝土同样坚固，使用木材镶边可以保持碎石位置并使边缘看起来整洁干净。接下来要在碎石层上铺设预制的混凝土方块，然后摆动裂缝中的被压碎的碎石块使方钢处于正确位置。车道完全可以手工拆卸并再利用，碎石层下的空隙可以使向土壤方向的渗透速度减缓。使用可以拆卸再利用的材料是进行可持续发展实践的一个重要方面。

第四节　可持续居住区景观生态系统保护与修复研究

居住区的景观设计发展到21世纪，从最早的重面积指标、形式空间，发展到注重植被配置以及所产生的生态效益，应该说取得了相当的进展。但如果要居住区绿地在区域甚至城市等更大的层面发挥作用，例如能调节区域小气候，增加该区域的生物多样性等，则还必须进一步深入探讨居住区绿地生态系统的规律性，特别是一些适宜景观生态技术的应用和集成，因为目前景观生态技术很多用于农、林业，但在城市内部应用较少，还缺乏一些成功的应用实例。因此，有必要研究居住区绿地生态修复机理、生态工程技术的评估、集成、优化和管理方法，制定一个居住区绿地生态系统保护、土地资源管理和生态环境修复保护相结合的综合治理的规划方法和规范体系，为强化居住区生态服务功能、改善人居环境、推进城市可持续发展提供技术支持，为不同专业研究居住区景观生态环境的保护提供依据和方法。

一、可持续住区生态修复技术集成研究

1. 基本原理

针对城市住区生态系统面临的问题以及相关原理，从城市系统的整体性出发，对城市居住区适宜的生态修复技术进行系统的收集、选择、评价、综合集成与研发。

2. 具体内容

主要包括系统收集、系统选择、系统评价、综合集成与研发、系统应用与反馈五个方面内容。

（1）系统收集

整理国内外城市适宜生态修复技术的相关研究成果，总结城市生态修复技术的类型、各类型的相关内容以及适用对象。由于城市人居环境可持续发展涉及的内容很多，很难用一种或几种生态修复技术来概括，因此，从城市人居环境系统的特点以及相关技术针对对象的特点出发，将适用于城市居住区的生态修复技术建构为两级指标体系：第一级是作为整体的生态修复技术，二级指标为生态景观技术，生态能源、环保技术，生态建筑技术三大类型，生态景观技术包括生态性景观修复技术、舒适性景观修复技术；生态能源、环保修复技术包括生态能源循环技术以及生态环保修复技术，生态建筑修复技术包括新建筑生态整合技术以及旧建筑生态改良技术，从而从系统的层面来解决城市居住区的舒适性、节能、环保问题。

（2）系统选择

针对居住区生态系统面临的问题以及相关原理，按照生态景观，生态环保、生态能源，生态建筑三大类型，对城市居住区生态修复技术进行分类筛选，选择适用于该

区域城市人居系统的生态修复技术，原则上针对一个主要的生态环境问题选择两种以上的生态修复技术。城市居住区生态系统生态修复技术指标体系如图4-3所示。

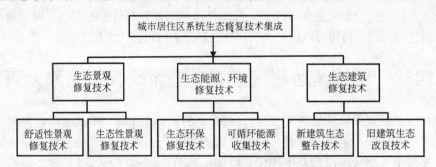

图4-3　城市居住区生态系统生态修复技术指标体系

1）生态景观修复技术

a.生态性景观修复技术，旨在提高城市居住区生态系统稳定性、生物多样性，包括优化绿地斑廊基形状（特别是保护绿地边缘地区），优化绿地水景，提高廊道连通性等。

b.舒适性景观修复技术，旨在提高、优化城市人居系统的舒适性，包括通过提高绿化率、优化植被配置、减少小区噪声以及汽车尾气影响，通过植物蒸腾改善，调节居住区小气候，规划设计以步行为主、机动车辆限速的道路系统优化设置等。

2）生态能源、环保修复技术

这类技术旨在充分利用居住区内可循环能源的同时，尽可能减少不可再生资源的消耗。

a.生态环保修复系统，主要内容是建构城市居住区封闭的物质循环系统，力争变废为宝，实现城市居住区的污染高排放—低排放—零排放的转化目标，包括：中水处理系统、减噪技术、通风系统、垃圾分类处理系统。

b.生态能源修复技术，充分利用不可再生资源，间接保护不可再生资源、能源以及居住区的生态环境，包括：太阳能收集、转化、利用系统，地热收集系统，雨水收集系统，风能收集、利用系统。

3）生态建筑修复技术

这类技术旨在充分利用建筑的节能环保技术，改善居住的舒适性，提高建筑的节能、环保性能，主要包括两种类型：

a.新建筑的生态技术整合，包括建筑结构、构造、材料等方面。

b.老建筑的生态技术改良，包括建筑结构、构造、材料等方面的节能环保改良技术，例如自然通风采光系统，门窗、墙面、屋顶、地面等的节能技术等。

（3）系统评价

采用聚类分析法、主成分分析法、专家评价法等方法，根据生态恢复技术的可操作性、适用范围、投入成本以及产生的社会效益、经济效益、生态效益等因素，建立该区域生态修复技术的适宜性评价指标体系，根据打分高低对备选的生态修复技术进行评价选优，最终在最优方案的基础上进行补充完善。

（4）综合集成与研发

经过系统的选择与评价，选择城市人居系统适宜的生态恢复技术，但这些技术主要还是针对某个生态环境问题的技术，下一步必须将这些技术进行综合集成。综合集成分为两个部分：

1）生态修复技术的综合集成。在步骤2划分的三级评价指标体系基础上，通过步骤3选优，选用优化后的技术进行综合集成。

2）生态修复技术的研发。对一些必须采用的生态恢复技术，如果目前技术尚不完善或者适宜性不强，可组织力量进行科技攻关，研发出具有更强操作性、更完善的适宜技术。

（5）系统应用与反馈

通过将生态景观修复技术、生态能源环保修复技术、生态建筑修复技术等关键技术应用于居住区绿地生态系统中，通过评估其结果与生态修复技术预期值的吻合度以及对所监测的生态过程的分析，从中确定采用技术的适用程度。淘汰不适用的技术，补充更适宜的生态恢复技术，针对局部存在问题的技术进行调整优化，从而使生态修复技术的综合集成达到优化与完善，从而为这些关键技术在实践工程中推广与应用铺平道路，从而提高城市生态修复技术对于城市人居系统的宜居、节约、高效建设的作用，实现城市既有居住区生态服务功能的提升与优化。

二、居住区绿地生态系统重建及景观修复技术研究

1. 原理

绿地系统是居住区生态环境中较为脆弱和敏感的区域。居住区绿化景观是以人为干扰为主形成的景观。居住区植被可保护、净化环境，减少噪声，保护城市生物多样性。但由于许多城市绿化选种单一，绿化时间、生境不适合，造成绿地系统抵御病虫害能力低，景观单一，生态系统相对敏感、脆弱。因此，要提高城市的绿化质量和绿化效益，改善城市生态环境，必须对绿地系统这个生态敏感区进行生态恢复和保护。

（1）忍耐和弹性

1）忍耐

从生态学的角度来考虑，忍耐是指某一有机体在干扰/逆境情况下被容许生存的诸生理特性。忍耐阈值通常是线性的，一旦超越，有机体即不能存活。

由于忍耐属于个体遗传控制的特征，在一个种群内可以发现各种不同忍耐程度的个体。另外，忍耐也可以是生物对抗的单个因子或多个因子。例如，某一种植物可能对一种重金属忍耐，而对另一种重金属不忍耐，或者可能同时忍耐多种金属。

植物中的忍耐对于恢复非常重要。例如，当恢复需要大量自然植物材料时，就必须了解有机体—损伤—忍耐关系，因为对有机体种群的取样有限，所以单分株的无性生长是需要的。忍耐损伤能力强的无性分株克隆后生长良好。先锋植物被引进后，加速开花也非常重要，因为它能使恢复地中的种群迅速发展。

2）弹性

Holling(1973年)认为，弹性是生态系统的一种特性，这种特性是它们持久性的一

种度量，是它们抵御变化和干扰、维持种群间或状态变量间相互关系不变的一种能力。某一生态系统的弹性并不取决于其受到暂时干预后返回到平衡状态的能力的稳定性，相反，群落会剧烈地波动，但正是由于这种群落的不稳定性才赋予了生态系统一种巨大的恢复力。

（2）弹性阈值

在生态学上，"弹性阈值"一词可以被理解为某一弹性极限。植物群落的弹性是基于组成种群的个体忍耐。但是，种群弹性尚有另一个特征：很多植物种群即使现存个体消亡后，仍能通过土壤里埋藏的孢子进行恢复。然而，一旦这样的储藏不存在，生态系统也就达到了弹性阈值。如果超越生态系统弹性阈值，则通常意义上的生态系统恢复即不存在，只能转变成另一状态，或者灭绝。因此在生境先遭破坏的条件下，弹性有着特殊的含义。

（3）忍耐和弹性在居住区绿地系统恢复的作用

由于恢复生态学的主要研究领域是受到强烈干扰的生态系统，而居住区绿地系统是以人的干扰为主形成的生态系统，因此在研究居住区绿地及整个城市生态系统的恢复时要特别关注忍耐和弹性的概念。

首先应考虑破坏程度与弹性之间的关系。弹性的种群、群落以及生态系统能够抵御一定程度的干扰，尤其是当干扰是在局部范围内逐渐发生时。另一方面，即使是最强有力的弹性也不会有助于抵御灾难性的任一干扰事件、大规模连续性的生境开发，或者大范围的频繁重复的强烈干扰。

在居住区绿地系统结构中，河流廊道植被是陆地和水生生态系统的活动边界，是环境活力和变化的敏感标志，在形成河流物理和生物特性的过程中起着重要的作用，对水陆生态系统间的物流、能流、信息流和生物流能发挥廊道（Corridor）、过滤器（Filter）和屏障（Barrier）的作用。

2. 主要方法

居住区绿地系统最明显的生态环境效应就是改善城市局部气候效应，通过光合作用，维持城市大气的碳氧平衡，维持植物生命，从而影响环境的温度、湿度和局部气候，为城市生态系统的物质能量转换提供动力条件和能量基础。

碳氧平衡对居住区绿地系统的影响：绿色植物进行光合作用时，吸收空气中的二氧化碳和土壤中的水分，合成有机物质并放出氧气。植物的呼吸作用也要吸收氧气排放二氧化碳。但是，植物的光合作用比呼吸作用大得多，因此绿色植物是大气中二氧化碳的天然消费者和氧的制造者，起着使空气中二氧化碳和氧相对平衡的作用。各种植物由于其光合器官和生长发育状况等不同，吸收二氧化碳释放氧气的能力也有差异。如在研究长沙市绿化的碳氧平衡效应时，选择了该市最常见的有代表性的几种树木进行测试，并同时测算了其绿地叶面积指数，结果显示：叶面积指数愈大，吸收二氧化碳和释放氧也愈多。居住区绿地面积应随其所采用的绿化树种不同而异。

3. 研究内容

从居住区绿地系统和植物群落的生态功能服务角度出发，对城市受损生态系统的结构、功能、生物多样性等方面进行分析，建立受损生态系统绿地重建和景观修复的方法和关键技术。研究关键技术在实践工程中推广与应用的途径，以提高土地利用率和城市生物量规模，修复城市受损生态系统的服务功能。

4. 技术路线

拟从监测数据分析、模型模拟、评价、优化等方面开展工作。其基本思路是：

（1）系统收集

收集整理国内外居住区绿地生态系统适宜生态修复技术的相关研究成果，总结居住区绿地生态修复技术的类型、各类型的相关内容以及适用对象，针对研究对象城市受损生态系统进行现状、成因和破坏程度等的考察，确定不合理的开发利用方式。将适用于居住区绿地生态系统的生态修复技术建构为两级指标体系（图4-4）：第一级是作为整体的居住区绿地生态修复技术。二级指标为生物修复技术、生态系统控制技术、景观生态优化技术三大类型，生物修复技术［主要解决环境（污染）综合治理问题］包括微生物修复技术、重金属污染的植物修复技术、固体废物资源化技术、垃圾填埋场生态修复技术及湖沼生态恢复技术等，生态系统控制技术包括生物入侵控制技术、病虫害控制以及生物多样性保护技术，景观生态优化技术，借助3S技术等高科技手段，通过调整优化目前景观生态结构以及生态系统的免疫能力，从系统的层面来保护居住区绿地系统和植物群落的生态功能和服务功能。

根据评价体系的结果总结出居住区绿地生态系统恢复技术。其研究方案总体技术路线详见图4-4。

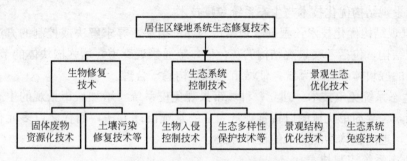

图4-4 居住区绿地生态系统生态修复技术指标体系

（2）系统评价

根据理论分析、研究对象现场监测数据分析及模型模拟结果构建居住区绿地生态系统适宜生态修复技术评价指标体系，对城市受损生态系统的结构、功能、生物多样性进行系统评价。

1）结构分析

结合实地抽样调查，建立数据库以及相关模块扩展，通过两个方面对居住区绿地生态系统的结构进行评价。

a. 景观结构分析法：按照模地——廊道——嵌块体原理对城市受损生态系统进行景观结构评价，选取景观破碎度、景观多样性、生物多样性、连通性等指标对城市受损生态系统景观结构进行分析评价。

b. 植物群落的配置方式和类型：按照植被的性质，如群落稳定性、景观美学性、

抗污染性以及净化能力等来评价结构的合理性。

2) 功能分析

从生态系统的忍耐阈值和弹性阈值，生态环境的孕育、生态平衡的维持、生态信息的存储、传递和聚散等方面来综合评价城市受损生态系统的功能。

3) 生物多样性分析

从三个指标来考察居住区绿地系统的生物多样性：

a. 绿化空间总面积。

b. 异质合并的尺度，它的形式可以由一个等式表达出来：

$$D = -\sum 5(P_i \times \log 2 P_i)_{i=1\sim 5}$$

其中：P_1 是裸露土地与草皮的比例，P_2 是粗糙牧草地和草本植物的比例，P_3 是灌木丛的比例，P_4 是树的比例，P_5 是建筑环境的比例。

c. 绿化空间的连通性，其取值在 0～1 之间：

$$G = 连接数量/最大可能的连接数量 = \frac{L}{3 \times (V-2)}$$

其中：L 为连通数量，V 为节点数量。

(3) 系统恢复

建立受损生态系统绿地重建和景观修复的方法和关键技术。包括以下几个方面：

1) 景观生态优化技术

包括景观结构优化技术与生态系统免疫技术。

a. 景观结构优化技术：根据景观结构的评价结果，寻求解决或控制的方法完善和优化景观结构，包括考察景观结构的灰色值，疏通景观廊道，增强嵌块体的节点功能，建立充分的嵌块体和廊道系统，使城市景观结构趋于合理。

b. 生态系统免疫技术：建立一种城市景观免疫系统，增加城市景观的生态交流和融合功能，舍弃简单机械的以视觉观赏为主的景观设计方法，而代之以多元化、多样性的形式，追求整体功能效果的设计方法。

2) 生态系统控制技术

a. 生态多样性保护技术：建立绝对保护的栖息地核心区；建立缓冲区以减小外围人为活动对核心区的干扰；在栖息地之间建立廊道；适当增加景观异质性；在关键性部位引入或恢复乡土景观斑块；建立物种运动的"跳板"（Stepping Stone）以连接破碎生境斑块；改造生境斑块之间的质地，减少景观中的硬性边界频度以减少生物穿越边界的阻力。

b. 生物入侵控制技术：通过构建物种层次的生态风险评价体系来控制生物入侵，包括：引种前应先作详细的调查分析，分析引入物种的表型或生理特征及入侵能力、繁殖能力、竞争能力、生态学影响等，测定其适合度、种群增加速度，还应该对本地环境有关方面进行描述（包括栖息地的类型、当地的动植物的生物多样性、植被覆盖度、主要的相互作用过程、自然或人为干扰情况以及气候和土壤条件等）。将上述各方面的资料与数据综合起来，用描述和图解或模型的形式来表示判断风险度和或然率。

3) 生物修复技术

主要包括微生物修复技术、重金属污染的植物修复技术、矿山废弃地生态恢复技术、固体废物资源化技术、垃圾填埋场生态修复技术及湖沼生态恢复技术等。

(4) 系统应用与推广

研究关键技术在实践工程中推广与应用的途径。

1) 示范点应用

将景观生态优化技术、生态系统控制技术与生物修复技术等关键技术应用于绿地系统建设及修复示范点。

2) 建立监测系统

基于 RS 和 GIS 技术，获取数据，建立数据库，对 GIS 进行二次开发，建立扩展模块和居住区绿地生态系统的监测系统，达到居住区绿地生态系统的预警作用。包括优选模拟居住区绿地生态系统演变的敏感因子，探讨适宜的建模方法，建立动态的演变趋势模型，开发监测系统。

3) 建立示范区绿地生态系统的调控与恢复系统

包括居住区绿地生态环境信息系统、不同尺度的生态系统调控体系及相应管理模式的建立，发展决策支持系统的建立等。

4) 应用情况评价与技术优化

通过监测研究区示范基地生态系统修复的过程，评估其结果与生态修复技术预期值，即提高土地利用率和城市生物量规模、修复城市受损生态系统的服务功能等目标的吻合度，从中确定技术的适用程度以及淘汰不适用的技术，并选择更适宜的生态恢复技术，调整优化在局部存在问题的技术，从而使生态修复技术的综合集成达到优化与完善，从而为这些关键技术在实践工程中的推广与应用铺平道路。

5) 校正与检测：通过示范基地进行多次校正和检测。

第五节　可持续居住区中的绿量

一、绿量的概念

绿量是指植物单面叶片总面积；叶面积指数是指单位绿地面积上的绿量，是指树冠覆盖地面水平单位面积上的平均叶片总面积；而平均叶面积指数则是叶面积指数和绿地率的乘积，平均叶面积指数指标可以很科学地表征植物的生态效益。植物学的发展已经记载了不同植物在不同气候条件的叶面积指数，可以为绿化配置提供很好的基础数据。

二、绿量与居住区的关系

通过拓展绿化空间，增加绿量和绿化覆盖率，可改善居住区小气候，优化居住区环境。增加居住区的绿量，可以通过以下途径：

1. 增加居住区的绿地面积，增加绿量

建设部规定，新建居住区绿地率不低于 30%，旧区改造不低于 25%。《居住区规划设计规范》规定了居住区的环境标准,但我国土地资源紧张,人均城市建设用地只有$100m^2$左右,人均居住用地不到$30m^2$,所以不能仅仅通过简单地增加居住区的绿地面积来增加绿量。

2. 改善居住区的植物种植结构,增加绿量

近年来,国内有一些城市出现了一种"草坪热",搞大草坪过量。一株大乔木的绿量,相当于$50\sim70m^2$草坪的绿量,由乔、灌、草结合组成的绿地,其综合生态效益为纯草坪的五倍;从景观效果来看,过量地搞草坪,就会丧失园林复层种植结构所能展示的丰富多彩的三维空间景观。强调的绿量结构不是越密越好,不是绿量的堆积,要和园林美学和生态环境结合起来。北京通过大量的实地研究,在营造乔、灌、草结合群落的前提下,初步的建议指标为1:6:20:29,在$29m^2$的面积上,种1棵树,6株灌木(不含绿篱),$20m^2$的草地或其他地被植物。

根据《绿色建筑评价标准》,植物的配置应能体现每个地区植物资源的丰富程度和特色植物景观等方面的特点,同时,应采用包含乔、灌、草相结合的复层绿化,以形成富有层次的、具有良好生态效益的绿化体系。

绿化应以乔木为主体,乔、灌、草结构合理,以提高绿地的空间利用率,增加绿量,使有限的绿地发挥最大的生态效益和景观效益。乔木产生的生态效益远远大于灌木和草坪等产生的生态效益,不但可以改善住区的生态环境,还可为居民提供遮阳、游憩的良好场所。

3. 立体绿化,增加绿量

(1) 屋顶绿化

屋顶绿化面积,指各类建筑屋顶、地下和半地下建筑顶层的面积,即屋顶花园面积。被称为古代世界七大奇观之一的巴比伦空中花园,就是架立于石墙拱券平台上的屋顶绿化。现在,即使在经济发达、公园绿地丰富的欧洲城市,对屋顶绿化也很重视。屋顶绿化使传统的地面绿化上升到立体空间,是一种融建筑技术和绿化技术为一体的综合性技术,扩展了城市绿化发展领域。

(2) 垂直绿化

垂直绿化是指建筑墙面、栏杆、树、柱体、高架道路和立交桥体等竖向绿化。在居住区内,充分利用房屋墙面、庭院围墙、凉廊等进行垂直绿化,能有效地改善居住区环境质量,丰富绿化层次,增加建筑物的艺术效果,使之与环境更加协调统一。在某些城市计算绿地面积时,将垂直绿化面积以50%折算绿地面积。同时,墙面的垂直绿化在夏季也有一定的降温作用,通常室内温度能相对降低1℃左右。"立体绿化"是提高绿地数量和可视绿量的一种必要措施,也是提高城市生态和景观质量的重要手段。

(3) 架空层绿化

架空层花园是近年出现的一种新的绿化形式,它为居民提供了尽可能多的活动休憩空间,现已得到广泛应用,同时还向空中发展,设立中间架空层、高层架空层,形成立体绿色景观,而且架空的底层解决了首层的地面返潮问题。

4. 充分利用居住区地表面积,增加绿量

在现有条件下,充分进行居住区内部用地挖潜,最大限度地增加居住区地表种植面积,从而为增加植物数量打下基础,增加绿量。多数居住区建筑散水一般宽度为60~110cm的水泥铺装,在中山市东明花园小区,几乎全部住宅建筑散水上面都有种植池,仅在散水上就使种植面积增加了约5000m^2,在居住区内的停车场可采用草坪砖作为铺装材料,既减少材料投入,增加种植面积,也可充分吸收、利用雨水,减轻地表溢流。多数居住区的各种井盖基本上是在市政管线要求的基础上随意布局,并没有考虑到与居住区景观环境及绿化相结合,导致绿地内各种井盖数量大,占用绿地多,景观效果差。尽量减少草地中的井盖数量,相应增加绿地面积也是一种积极有效的方法。有研究表明,通过挖掘居住区种植潜力,平均能增加居住区面积2.7%的种植面积。

5. 住户自我完善增加绿量

居住区的住户,利用自家的庭院、阳台、室内进行绿化,是对居住区小环境绿量的有效补充,同时,也增强了人与植物的情感,陶冶情操,是一种更深层次的人与自然的融合。

因此,在垂直方向,设计除了满足规定的绿地率要求,还应该考虑屋顶绿化、立体绿化,尽量提高绿化覆盖率。对于一定的绿化面积要在植物配置设计时,以平均叶面积指数指标为指导,尽可能地坚持乔灌草结合形成小范围的植物群落,追求绿化的生态效益的最大化。在水平方向,绿化的布局在平面上应该相互连通,形成小区范围内的绿化网络体系并且和城市的绿化连成一体,从而保证绿化的生态功效。

三、居住区绿地案例——以玉门油田酒泉基地承瑞园住宅小区绿地景观设计为例

1. 项目概况

承瑞园住宅小区位于玉门油田酒泉基地西北部,北临敦煌路,南临312国道,西临环城东路,东隔世纪大道与玉兰园相望。小区形态在平面上呈矩形,园内地势平坦,建园之前为农田用地,该区总用地面积10.76hm^2,兴建住宅12728户,规划绿地面积约6.16hm^2。

2. 设计构思

(1) 营造整体和谐生态环境

居住区绿地景观生态系统建设是居住区绿地景观生态系统规划设计的重要组成部分,营造整体和谐生态环境是本设计的基本出发点。住宅小区环境作为典型的人工环境,设计中要充分考虑现有的空间环境,使场地地形、地貌与环境有机融合,丰富植物景观层次,增加植物绿量。多用环保材料造景,使人感到,虽处城市,但如身在山林之中,从而创造"虽由人做,宛自天开"的最高境界。

(2) 景观元素多元化

已建成的小区环境设计可以概括为种花、种草、种树,景观单调。在本案设计中,要满足居民全方位生活感受,结合功能和观赏要求融入其他景观元素,如生活雕塑、喷泉、文化柱、置石等园林小品,结合设计主题,强调民族元素应用,把中华民族心中吉祥物以不同形式表现出来,如"麒麟"雕塑、"千年龟"雕塑等,使园区景观丰富多彩。

(3) 植物种类的多样化

第四章 可持续居住区景观规划与设计

小区在植物种类的选择上，在遵循因地制宜的前提下，以乡土植物为主，同时选择了观赏效果佳的外来植物和珍贵稀有树种，这些植物已在酒泉地区引种栽培超过3年，表现良好，如叶色金黄的金叶榆、节水性色带植物金叶莸、三季繁花不断的欧洲玫瑰，彩叶灌木紫叶矮樱、红叶碧桃，花期较长的宿根花卉如福禄考、菊花等，通过这些植物的配置，极大提升小区景观品位，同时也丰富了小区植物种类。

(4) 强调空间的变化

小区绿化不能仅仅停留在平面的规划设计上，而要充分利用造景元素创造变化多端的空间，这样才能营造出不同性质和特色的空间，如开敞的、封闭的、半封闭的等。空间的营造适合人的尺度，围绕园林景观适当安排健身、交流、休闲、观赏的生活空间，并辅以人性化、趣味化的休闲活动设施。

3. 植物设计

通过乔、灌、草相结合，创造层次错落、季相有序、色彩对比、疏密变化的植物景观特色。总体上形成以下特点：

(1) 体现地方特色，充分利用乡土树种

本区内运用多种乡土树种，如国槐、白蜡、馒头柳、旱柳、牡丹、连翘、榆叶梅、樟子松、祁连圆柏、圆冠榆、红叶李、香花槐、火炬树等。行道树体现地方特色，主园路行道树是国槐，次园路为了体现"一路一树"风格，行道树分别是圆冠榆、馒头柳、垂柳、白蜡等。小路为了便于儿童识别，采用不同花灌木栽植。

(2) 注重外来树种引种配置

如乔木栽植了金叶榆和美人梅等。花灌木栽植了紫叶矮樱、欧洲玫瑰、海棠、红叶碧桃等。色带植物栽植了金叶莸等。

(3) 体现植物观赏性

注重植物不同观赏特性应用，选用观姿、观叶、观花、观干类树种。种植观姿树种，如樟子松、杜松、云杉、垂柳、落叶松、千头柏、刺柏球、国槐、白蜡等；观花植物如榆叶梅、月季、牡丹、黄刺梅、珍珠梅、丁香、欧洲玫瑰、海棠、碧桃等；观叶植物，如元宝枫、金叶榆、红叶李、金丝柳、火炬树、美人梅、红叶小檗、紫叶矮樱、金叶莸等；观干植物，如红瑞木、龙爪槐、大枝垂榆等。

(4) 色彩搭配丰富，突出主调花卉种类，注重攀援植物的运用

按构景、构图原理及植物色相变化，布置植物风景群落，如火炬林、樟子松林、云杉林、紫叶矮樱林、红叶李林、杜松林、丁香林等；利用多种观花灌木和宿根花卉、球根花卉构成色彩缤纷的花坛、花带及花地景观。采用牡丹、月季、地被菊、福禄考等植物为各区主调花卉。为了增加整个绿地的绿化面积，除了采用平面绿化，同时采用五叶地锦、藤本月季和金银花等进行垂直绿化。

(5) 植物配置方式多样化

根据绿地的布局形式，植物的配置采用自然式配置方式如丛植、群植、疏林等与规则式配置方式如对植、行列植、绿篱栽植、模纹栽植等相结合的原则。

思考题

1. 目前国内居住区景观规划面临什么问题?
2. 请简述如何结合生物气候规划设计居住区景观。
3. 请简述居住区绿地生态系统重建的方法。
4. 试举例"斑块——廊道——基质"理论如何应用到城市住区景观规划。

参考文献

[1] (法)Serge Salat. 可持续发展设计指南. 北京：清华大学出版社，2006：154~160.
[2] 夏伟. 居住区设计规划阶段的生态策略研究. 建筑学报，2006(4)：25~28.
[3] 徐小东，徐宁. 地形对城市环境的影响及其规划设计应对策略. 建筑学报，2008(1)：25~28.
[4] B·P·克罗基乌斯. 城市与地形［M］. 钱治国，王进益，常连贵等译. 北京：中国建筑工业出版社，1982：69.
[5] 米格尔·布鲁诺. 生态城市60个优秀案例研究. 吕晓惠译. 北京：中国电力出版社，2007：14~16.
[6] 王建国. 生态要素与城市整体空间特色的形成和塑造. 建筑学报，1999(9)：20~23.
[7] 荆子洋，张键. 以连续性公共空间组织为主线的小区规划. 建筑学报，2006，(1)：16~18.
[8] 李亮. 基于景观生态学的城市住区规划研究. 山西建筑，2007.33(29)：32~33.
[9] 韩荡. 城市景观生态分类—以深圳市为例. 城市环境与城市生态，2003.16(2)：50~52.
[10] 王仰麟. 景观生态分类的理论与方法. 应用生态学报(增刊)，1996.7：121~126.
[11] 李锋，王如松. 居住区绿地系统的生态服务功能评价、规划与预测研究——以扬州市为例. 生态学报，2003.3(1)：1929~1936.
[12] 周福君，乔颖，乔晶. 从生态学角度谈居住区绿地系统的规划. 国土与自然资源研究，2001(2)：58~59.
[13] 曹勇宏. 居住区绿地系统建设的生态对策—以长春市为例城市环境与城市生态，2001.14(5)：9~11.
[14] 肖笃宁，钟林生. 景观分类与评价的生态原则. 应用生态学报，1998.9(2)：217~231.
[15] 张庆费. 居住区绿地系统生物多样性保护的策略探讨. 城市环境与城市生态，1999.3(12)：36~38.
[16] 刘永，郭怀成. 城市湖泊生态恢复与景观设计. 城市环境与城市生态，2003.16(6)：51~53.
[17] 王毅. 增加绿量改善小区环境. 当代建设，2003.(5)：32.
[18] 蒋倩. 承接吉祥，营造和谐—玉门油田酒泉基地承瑞园住宅小区绿地景观设计. 现代园林，2009.(01)：1~4.
[19] 达良俊，杨永川，陈鸣. 生态型绿化法在上海"近自然"群落建设中的应用. 中国园林，2004，3：38~40.
[20] Miyawaki A. Restoration of Urban Green Environments Based on the Theories of Vegetation Ecology. Ecological Engineering，1998.11：157~165.
[21] Miyawaki A. Creative Ecology：Restoration of Native Forests by Native Trees. Plant Biotechnology，1999.16(1)：15~25.
[22] Manfred Kühn. Greenbelt and Green Heart：Separating and Integrating Landscapes in European City Regions. Landscape and Urban Planning，2003.4：19~27.

第五章 生态社区建设

第一节 生态社区的内涵、特点与功能

一、生态社区概念的产生

第二届联合国人类住区会议于1996年6月在伊斯坦布尔举行,会议的目标在于探讨两个同样具有全球性重要意义的主题,即"人人有适当的住房"(Adequate Shelter for All)和"城市化世界中的可持续人居住区发展"(Sustainable Human Settlements in an Urbanizing World)。国际人居委员会机构认为:今后人类的居住地都要逐步改造成为当代和子孙后代持续发展的基地,就是要以人们可以承受而又不影响生态平衡的方式来满足所有人类的居住要求。改善人类居住地的环境已经成为世界各国的普遍认识,并成为共同的奋斗纲领。

进入21世纪,我国的人类居住地的建设也有较大的发展,对于社区建设,国家主管当局已提出"应把注重高质量的生态环境和住宅的质量放到(社区)规划的首位"的要求,表明了对社区生态质量的重视。

二、生态社区概念的内涵

社区(Community)这一名词源于拉丁语,德国的社会学家斐迪南·滕尼斯首先将它作为一个社会学的范畴来研究,认为"富有人情味、有共同价值观点、关系亲密地聚居于某一区域的社会共同体"就是社区。美国社会学家帕克(Pake)认为,社区的基本特点可以概括如下:第一,它有按地域组织起来的人口;第二,这些人口不同程度地深深扎根在他们生活的那块土地上;第三,社区中的每一个人都生活在一种相互依赖的关系之中。

我国社会学家费孝通也把社区定义为:若干社会群体(家庭、氏族)或社会组织(机关、团体)聚集在某一地域里,形成的一个在生活上相互关联的大集体。

概括来看,社区是一定地理区域内人们共同生活、学习、工作、栖息的一个有秩序的社会实体。社区强调两个方面:一是社区要素具有共同目标、共同利益和共同意识;二是社区要素具有共同地区和空间界限。实际上社区就是由社区要素整合而成的,具有共同目标、共同地域、共同利益、共同意识的社会共同体。

社区的基本构成要素有五个:一是人口。人口是社会的主体,当然也是社区这种地域性社会的主体,没有一定数量和质量的人口就形不成社区。二是社区管理体系。主要包括社区管理所依据的行为规范、管理机构、管理手段和管理内容。没有这个要

素，社区生活就会陷于混乱。三是一定的地域，也就是每一个社区都要有一定的地域环境，包括地理环境、资源环境和人工环境。它们既为该社区的居民提供着特定的活动场所和活动资料，又是一个社区区别于另一个社区的自然界限。四是同一类型的社会活动或生活方式。五是社区意识，也就是社区成员对其所在社区的认同感、归属感或隶属感以及社区成员之间的共同成员感等。这五个要素的有机联系就构成了一个现实的社区。

现实中的社区是多种多样的。根据社会学者的共同看法，可以把它归纳为两大基本类型：一类是村落型生态社区，另一类是城市社区。所谓村落型生态社区是以农业活动为主的地域社会，是由居住在一个有限地域内，有共同利益并有共同需求的同质性农业劳动人口所组成的相对独立的社会共同体，即"面对面结合的一个地区，比邻里中心大，在此地区内多数居民利用他们集体生活所需要的社会的、经济的、教育的、宗教的及其他多种业务，同时他们对于事物的基本态度和行为有一定的契合度，并推广到以村或镇为中心。"

现在，社区被普遍认为是"一定地域内人类社会生活的共同体"，但是，社区不仅是一个简单的地域概念，它还涵盖了人与自然、人与社会的关系，被看作是社会、经济、自然三个子系统相结合的复合生态系统。

狭义的社区概念是社会生态学研究的一个基本单位，R·D·麦肯齐在《人类社区研究的生态学方法》中将社区分为四类：①基本服务社区，如农业村镇捕鱼、采矿、林业社区等；②商业社区，在生活资料分配过程中实现次要功能的社区；③工业城镇，是商业制造中心，占据支配其他功能的地位；④那些缺乏自身明确的经济基础的社区，不仅在经济上依赖于外界其他社区，在商品的生产分配过程中也不负担任何功能。

近年来，在社区的规划与建设中正逐渐运用生态学的原理和方法指导加强社区的生态性能。生态社区（Ecological Community）是在社区的概念基础上，以生态性能为主旨，以整体的环境观来组合相关的建设和管理要素，建设成为具有现代化环境水准和生活水准且持续发展的人类居住地。这一概念强调环境对人的习惯养成的作用和直接功能，由以自然生态为依托的体能养成到适应信息社会的智能培育，把社区作为整体的复合结构加以考虑和营造；它还重视对人类居住地各种非自然物质构成环境的生态作用的认识，即重视住宅以及多层次生活活动区域的设施环境的作用。正如"社区"的概念具有广泛性一样，"生态社区"的含义也有可诠释性。建设生态社区的目标就是强化社区作为人类生存与发展的基地作用，加强社区的自组织、自我调控能力，合理高效地利用物质能源与信息，提高生活质量的环境水准，充分适应社会再发展需要，最终从自然生态和社会心理两方面去创造一种能充分融合技术和自然的人类生活的最优环境的人类居住地。

总体上，有关生态社区的理论与实践尚处于发展初期，在我国尤其如此。2001年，建设部颁布了《绿色生态住宅小区建设要点与技术导则》（试行），从能源、水、气、声、光、热、绿化、废弃物管理与处理、绿色建筑材料系统等方面系统地提出和阐述了生态住区的技术标准，使我国的生态社区实践由原来的自发初始状态走上了有章可循的发展轨道。随着我国可持续发展战略进程的深入，相信会有更多的社区加入生态实践的行列。

生态社区融合了社区的社会、文化、历史、经济、地域特征等因素，其建设目的是要通过调整人居环境生态系统内的生态因子和生态关系，使社区成为具有自然生态和人类生态、自然环境和人工环境、物质文明和精神文明高度统一、可持续发展的理想城市住区。

1. 生态经济学角度

生态社区的经济增长是可持续的，采用了"生态技术"，建立生态社区产业，实现物质生产、居民消费和社区生活的"生态化"，太阳能、水电、风能等绿色能源将成为主要的能源形式。

2. 生态社会学角度

生态社区的教育、科技、文化、道德、法律、管理体制等都将"生态化"。倡导生态价值观、生态伦理观，人们有自觉的生态意识，建立有自觉保护环境、促进人类自身发展的机制，有公正、平等、安全、舒适的社会环境。

3. 城市规划角度

生态社区空间结构合理，基础设施完善，生态建筑、智能建筑和生命建筑广泛应用，人工环境与自然环境融合，因地制宜，天人合一。

4. 地理空间角度

生态社区符合城市规划和区域规划，与区域和城市融合，生态社区是生态城市的一部分，它体现了所在城市的风貌和特质。

总之，生态社区是一个结构合理、功能稳定的社会——经济——环境复合生态系统。

三、生态社区的特点

生态社区与传统社区相比有本质的不同，主要有以下特点：

1. 和谐性

生态社区的和谐性，不仅反映在人与自然的关系上——自然与人共生，人类回归自然，亲近自然，自然融于社区，社区融于自然，更重要的是在人与人关系上——生态社区能营造满足人类自身发展需求的环境，富有人情味，充满浓厚的文化气息，拥有强有力的互帮互助的群体，呈现出繁荣、生机和活力。生态社区当然不能缺少怡情悦目的绿色空间，但更需要良好的社会环境和和谐的人际关系，它们是培养人、塑造人的物质载体，是关心人、陶冶人的精神家园。

2. 持续性

生态社区是以可持续发展为指导的，因而它能实现社区社会、经济、环境的可持续发展，即能够把和谐的社会关系延续下去，能够在取得社会效益和环境效益的同时推动经济发展，实现经济快速高质增长，能把社区自然环境作为社区公共资源得到永续利用。

3. 整体性

生态社区不是单单追求环境优美或自身的繁荣，而是兼顾了社会、经济、环境三者的整体协调发展，社区生态化也不是某一方面的生态化，而是社区整体上的生态化，实现整体上的生态文明。

总之，生态社区是在社区各要素同步发展的基础上求得整体发展效果。

四、生态社区的功能

与传统社区相比，生态社区突出的功能有以下方面：

1. 环境保护功能

生态社区环境的生态化，对环境利用的生态原则，既使环境作为一种公共资源得到利用，又使环境受到保护。人们由于处在这样一个具有公共环境保护意识和生态伦理道德的社区中而热爱社区环境，义务维持，自觉加以保护。

2. 生态调节功能

生态社区是一种复合生态系统，它除了生产和消费功能外，还具有资源持续供给的调节功能、环境持续容纳的调节功能、自然持续缓冲功能以及人类社会的自组织自调节功能，也正是这种功能使传统社区成为现代生态社区。

3. 社区凝聚功能

生态社区是归属感和凝聚力很强的社区。社区内具有识别性的标志性建筑，供人们交往、休闲和娱乐的人性化公共空间，反映地域独特风格的类型多样的住房，令人赏心悦目的生态景观都会使人们愿意长期定居这里，产生"社区是我家"的归属感，而良好和谐的人际关系、平等公正的社会环境和安全稳定的社会秩序又使社区的凝聚力得以增强。

4. 社会教化功能

生态社区体现了一种生态文明，优美舒适的生态环境，稳定安全的社区秩序，融洽团结的人际关系以及亲近自然的氛围，都能在潜移默化中净化人的心灵，陶冶人的情感，升华人的思想境界。

第二节 生态社区的内容与目标体系

生态社区规划应是生态环境保护和经济社会发展相协调的综合规划，它能指导、规范生态社区的建设。生态社区规划的内容包括生态社区环境建设规划、生态社区经济建设规划和生态社区文化建设规划。具体建设内容与目标体系如下：

一、生态社区环境建设目标体系

包括建筑及周围环境设计、节能节水技术应用、小区规划、道路规划等方面。

1. 绿化指标

该指标是衡量生态社区建设水平最重要的指标之一。除了绿地率达到一定指标外，还要以二氧化碳固定量来衡量生态效果。这一指标也鼓励植物的多层次混种绿化以及对于屋顶、阳台及建筑立面的绿化。

2. 地面保水指标

欧美最新的生态防洪对策都规定建筑及社区地面必须保有贮留雨水的能力，以吸收部分洪水，达到软性防洪目的。因此，本指标强调建筑基地渗水保水能力，尽量减少混凝土覆盖面积，采用自然排水系统，以利于雨水的渗透。

3. 节水指标

此指标以开辟另类水资源(开源)与省水器具的使用(节流)作为节水的主要方法。目前，发达国家如德国、英国、新加坡等国通过各种节水措施，人均日用水量仅140～150L，而上海的这一指标为290L，正好是上述国家这一指标的一倍，节水潜力巨大。

4. 节能指标

这是绿色建筑中最重要的评估指标。建筑物外墙的不同，可使空调、照明耗电量相差四五倍之多，因此应重视节能建筑的设计，通过空调系统、照明、白昼光利用、太阳能利用等途径节约能源的使用。

5. 二氧化碳与废弃物减量指标

此指标鼓励应用轻量化的建筑结构，如使用钢构造建筑来减少砂石、砖等建材的使用。还提倡居家简朴的装潢设计，建材的回收利用，以达到节约能源、省资源、减少废弃物与降低二氧化碳排放量的目的。

6. 污水垃圾处理指标

污水处理要求建设雨水、生活污水分流管道系统，一方面有利于雨水的回收利用，另一方面可减少污水的处理量。垃圾处理指垃圾的分类收集和资源的回收利用。

7. 绿色交通指标

生态社区绿色交通规划应鼓动居民使用绿色交通，并以工程措施来改造道路空间和结构，如人车分流，设计步行可达的空间尺度，减少对小汽车的依赖，土地混合使用，实现商住一体等。此外还应宣传绿色交通观念，加强执法确保发展绩效。

二、生态社区经济建设目标体系

生态经济规划的总体目标是以资源的低消耗、环境的轻污染来取得经济的高速增长，并形成文明科学的消费方式。为此，应用绿色消费科技和绿色生产科技，逐步改变能源结构(如取消燃煤式小炉和集中锅炉房，以天然气为燃料等)，加速再生能源对石化能源的替代，应用水能、风能、生物能、太阳能等绿色能源；采用自然通风和自然采光，减少能源消耗；在社区内实行绿色生产(即清洁生产)、绿色管理(国际环境管理规范 ISO 14000 认证及生命周期评估)，商业设施与工业设施在社区中共存等。

三、生态社区文化建设目标体系

为增强社区的归属感而建立标志性建筑，具有中心性的广场和对居民有魅力的开敞空间；建立配套齐全、布局合理的生态基础设施，创造便利于各个年龄层次人群的生活环境；创造社区内就业机会，使社区具备多种功能；把尽可能多的设施布置在步行可达的范围内；社区提供多样性、个性化的住宅；社区有商业活动、市民服务、文化活动、娱乐活动等集中的中心地区；鼓励居民参与社区建设，培育他们的社区意识等。

第三节 生态社区的设计方法

程世丹分析了生态社区的基本内涵，指出生态社区以可持续发展思想为指导，体现"人与自然和谐共生"的思想，具有整体性、长期性、地域性和参与性的特点，进而阐明社区生态设计的发展趋势、尺度和物质要素，最后探讨了生态社区的实践途径和实践类型。

生态社区的实践需要建立符合生态学规律的设计观与设计方法。生态原指生物与生物之间以及生物与其环境之间的关系，将生态与社区相联系，意在关注社区中人与自然环境之间以及人与社会环境之间的协调关系，以创造一种和谐、健康的社区环境。

一、社区生态设计的趋向

在规划方面，以杜安伊（Duany）、普拉特·兹伊贝克（Plater Zyberk）和 Peter Calthorpe 为代表的"新城市主义"吸收了传统社区的优点，主张紧凑的、多功能的和步行交通为主的社区发展模式，并进行了成功的实践。20世纪90年代以后，出现了大量有关可持续发展及设计的论述，其中许多尝试将各种生态设计的思想和方法整合成系统的理论，比较有代表性的有约翰·莱尔（John Lyle）的《面向可持续发展的再生设计》，西姆·范·德·莱恩（Sim Van Der Ryn）和 Stuart Cowan 合著的《生态设计》等。

总之，早期的生态设计以小规模、实验性、局部应用为特征，当今社区生态设计更着眼于一种整体的、长期的系统策略，注重汲取生态学、环境科学、社会生态学和经济学等学科的思想，寻求综合解决环境、社会、经济与社区发展之间关系的新方法。

二、社区生态设计的尺度

社区生态设计既包括较小尺度的物质环境的设计问题，也包括较大尺度的可持续政策的制定。现有的社区生态设计大致在三个层面上进行：一是建筑技术层面，包括改善能源使用效率，采用环保材料，运用非机械的气候适宜技术，使用可再生能源等；二是市政工程层面，包括中水系统、雨水的利用、生态的道路交通系统等；三是规划政策层面，包括采用紧凑的布局模式，通过多功能的土地使用方法和完善的服务设施创造可居性强的社区，提供可负担的住宅，保护社区及周边的生态资源，促进区域发展等。

三、社区生态设计的实体要素

实体要素是社区不同层面的生态设计的重要内容，也是定量评价生态社区的一个重要视角。为了便于操作与实施，社区生态设计通常是在一个整体的目标框架下，分成若干要素进行设计，较多被关注的要素有场地、建筑、能源、交通、水和垃圾等。

这些要素也构成了社区功能运转的基础，它们之间联系紧密，相互影响，因而不同领域的职业合作与交流成为社区生态设计成功与否的关键。大多数生态社区实践涉及这些实体要素时，都考虑到环境、社会和经济方面的问题以及三者之间的关系。

四、生态社区的实施机制

Shiow Kuo 认为要推进生态社区，则必须将法制和系统资源进行整合。Shiow Kuo 针对如何推进中国台湾生态社区的建设进行了探讨，在界定生态社区的概念以及描述城市社区和乡村发展现状的基础上，提出了推动生态社区建设的实施机制。它不仅需要政府和专业设计人员推动这一理念，也需要居民自愿参与和合作。同时，市民可以提供必要的帮助。在生态社区建设的初级阶段，规划机制的建立发挥着重要的作用。除了对早期运作机制的改革，其中包括促进政府部门间的协调合作，公共组织资源的整合和规则修正以外，市民组织对普通人的宣传和鼓动作用也很重要，只要将以上机制进行整合，就可以产生足够的动力推动"生态社区"的实现。

第四节 生态社区的实践类型

目前，各国或各地区的生态社区实践大都从可持续发展原则出发，根据各自的经济、社会、资源、环境等方面的条件和特点，采取因地制宜的生态策略。大体上，地理环境不同，环境尺度不同，社区生态实践的重点和形式也不大一样。由此，生态社区实践可以分为城市型生态社区、郊区型生态社区和村落型生态社区。

一、城市型生态社区

城市人口在全球人口中的比重日趋增多，并且，城市已成为全球经济的主要集中地，也是全球资源和能源的主要消耗地，在很大意义上，城市的未来就是地球和人类的未来。从这个角度看，由于社区是城市的基本单元，因而，城市社区的生态实践具有特别重要的意义，它是进一步实现城市可持续发展的前提和基础。

城市社区面临的重大挑战之一是人口稠密、用地紧张。在这种情况下，紧凑型的社区成为城市发展的一种合乎逻辑的选择，它不仅可以节约土地，也提高了资源的使用效率，从而有利于城市的可持续发展，这对人多地少的亚洲城市尤其有意义。

社区认同感的培养也是重要考虑的因素，公共设施尽可能整合在一起，不同收入阶层被鼓励混合居住，住宅和商店的设计、建造在一个绿色建筑委员会的指导下进行。

国内对于可持续发展的城市住宅区进行了一些探讨，北京的北潞园小区在规划设计中，对保持可持续发展的生态环境进行了探讨。其主要出发点有六个方面：

1. 增加大气洁净度，对小区内炊事和采暖的燃料以及燃具加以控制，沿城市干道设置宽阔的绿化带；2. 污水处理回收再利用，设置两个污水处理站，分别用于处理生活污水和雨水，处理后的污水可以用来冲洗道路、灌溉绿地、冲洗汽车等；3. 垃圾自行消纳，采用垃圾焚烧炉，将环境的污染控制到最小；4. 噪声控制，通过绿化、立体交通等方式隔绝噪声；5. 科学配置绿化，强调绿化对环境的保护功能；6. 节约能源，采用新型墙体材料和节能窗，尝试利用太阳能，发掘地热资源。

二、郊区型生态社区

郊区环境中注重生态的社区实践以北美地区和北欧较为活跃，比较有代表性的是"新城市主义"的郊区社区以及芬兰的生态邻里住宅区。

"新城市主义"的郊区社区是由建筑师所推动实施的社区理念，其核心人物是Peter Calthorpe、杜安伊（Andres Duany）、伊丽莎白（Eliza Beth）、普拉特·兹伊贝克（Plater Zyberk）。针对美国郊区无序蔓延所带来的一系列问题，如密度过低，占用大量农业用地和自然开敞空间，市政设施投入大、利用率低，通勤时间与距离拉长，对私人小汽车交通过分依赖，能源紧张等，从工业革命前的传统社区中汲取养分，创造紧凑的、多功能的和步行交通为主的居住社区，以此重新设计郊区的发展模式。以亚利桑那州Civano社区为例，整个社区包括四个居住组团，一个商业中心和一些文化、办公及无污染的工业设施，35％的用地作为开放空间和自然绿地，半数居民和2/3的工作场所安排在距社区中心5分钟的步行距离内，形成一种紧凑的社区感和人性化的氛围，精心组织的绿化网络使这个沙漠地区的住区显得亲切宜人。

在该社区中，由于"新城市主义"设计师与生态技术专家成功的合作，可持续思想体现于更为广阔的领域。社区的建筑中运用了诸多生态技术，包括采用高效墙体保温隔热材料、双层玻璃窗，利用太阳能提供电力、热水和取暖，使用中水系统为花园浇灌、冲厕提供用水，采用可再生材料等。结果，Civano社区的能源消耗比地方标准低50％，用水减少65％，固体垃圾减少90％，空气污染降低40％。这表明基于生态设计的社区不仅技术可行，而且从长远看，将具有很强的市场竞争力。

芬兰的生态邻里住宅区是赫尔辛基城市和生态社区项目，该项目1994年在环境部、国家技术局和芬兰建筑师协会三方的推动下启动，包括在赫尔辛基的Viikki开发新建筑，在位于芬兰西海岸Vaasa的复兴郊区社区。Viikki生态住区是政府部门、规划师、建筑师和建筑工人多年来合作的结果，其目的是在于通过建设业和财政部的合作，在芬兰建立支持生态的城市规划建设系统，并推动在专家辅导下的高质量营造施工。

Viikki住宅区的生态评分系统举例 表5-1

分项	权重		内容	单位	最低值	1p	2p
污染	10		二氧化碳	kg/bm^2	3200（−20％）	2700	2200
			废水	1/人日	125（−22％）	105	85
			施工建筑污染	kg/brm^2	18（−22％）	15	10
			家居污染	kg/brm^2	160（−20％）	140	120
			生态标志	材料		2	很多
自然资源	8		热能	kWh/brm^2	105（−34％）	85	65
			电能	kWh/brm^2	45（−0％）	40	35
			主要能源	GJ/brm^2	30（−19％）	25	20
			机动的共同使用能源		标准	15％	好

第五章 生态社区建设

续表

分项	权重	内容	单位	最低值	1p	2p
健康	6	室内气候		好		优秀
		危险湿度		标准	好	有创造性的
		噪声		标准	新标准	好
		通风维护/日照效果		按设计		优秀
		可选择的地板设计		标准	15%	30%
生物多样性	4	植物选择		按设计	好	优秀
		暴风雨利用		按设计	好	有创造性的
食物生产	2	种植有益的植物		标准	1/3有用	
		表层土再利用		标准		
总分						最大值

  Viikki生态邻里住宅区位于赫尔辛基东北部，占地11.32km^2，距市区8km，距机场20分钟车程，有高速铁路连接瑞典，城市以公路交通为主，实验区周边是生态保护区，以科技园为中心，周围除了生态住宅区、木质结构公寓示范区，还有相应的公共设施如儿童护理中心、综合学校、两个护理中心、一个地区商场和其他设施及生态公园。其中居住区5万人，科技大学城6万人。

  Viikki生态邻里住宅区是将生态理念、原则与实际工程长期结合的结果，1994～1995年总体规划时，它的生态目标是建构完善的城市结构、密度、功能和经济性，避免使用不可再生能源和消耗未深加工的材料，保护生态系统，如土壤、植物区系与动物区系，防止废物、辐射以及噪声污染。规划竞赛的优胜方案将住宅区设计为各种功能相结合的指状结构，具有开放的绿地空间，营养物和水可重复利用。

  Viikki生态邻里住宅区内的城市太阳能新建筑是由欧盟热能计划支持的，使用太阳能及生态结构。它的独立的被称为FORTUM AES的太阳能系统和区域热网与能源监控系统相连，该系统的太阳能收集器在夏天产生的热能供应浴室下的循环供热系统。为改善建筑的保温，使用低温技术和外墙热绝缘技术。

  自然通风可根据需要调节，夏季新鲜空气由北侧通过窗户上的通风板进入，冬季玻璃阳台和平台作为缓冲可以预热空气。建筑材料尽量选择可循环的低辐射材料，应用健康的木结构材料做露台。屋顶雨水通过沟渠进入类似湿地的渗水坑，与平衡水箱相联系，可在抽取后分配利用。住宅还强调健康的室内气候，建筑自身的可变性、适应性和经济性，建筑的全使用寿命以及周边环境的质量。

  Viikki住区在2001年出台了一个建造程序与房产的评估方法，并设计使用更简易的计算工具。环境部等机构制定了建筑的环境分级系统，除了环境问题(排放物、垃圾、自然资源、生物多样性)，分级系统还包括健康方面(如室内空气质量)的问题。

  大部分的房屋根据生态标准，得分从9.5～17.3不等，也就是说项目的水平为生态度极高。和传统房屋相比较，Viikki的建筑只消耗普通建筑的一半多一点的能源和2/3的水。在未来的50年里，环境质量最高的方案要减少50%的二氧化碳排放以及

50%的垃圾。Viikki里大概2/3的建筑使用了太阳能做家庭热水,太阳能接收器产生了所需热能的15%。

三、村落型生态社区

1. 概述

村落型生态社区一般人口规模较小,拥有较多的自然资源,并且有适于耕作的农业用地,其生产、生活与社区内的自然资源密切相关,是一个较为独立的、自给自足的社会单元。村落型生态社区较多出现在乡村地区,也有发生在城镇和城市的乡村化地区。不同于一般农业村落的村民,村落型生态社区的成员在环境和社会方面具有较强的主动意识,社区活动参与程度较高,很多村落型生态社区的实践是由社区成员与农业、生态和建筑等方面的专家共同推动实施的。

村落型生态社区一方面应满足居民享受现代社会生活基础设施的服务功能,并具有培养、提高个人素质和为人们提供获取新的发展空间的机会,同时具有自我完善、自我协调的能力,具有良好的空间环境、社会组织形态及经济建设秩序。

在面积为488hm^{2}的美国南加利福尼亚大维寺的海岛上,建起了150栋生态房屋,叫做生态村。在这里保留着原来的自然面貌,没有一个受到人为破坏的痕迹。设计者在建造这些生态村时,用合住的方法替代了以前的独住,但仍有独住的成分,如每家每户还是有自己的卧室、浴室和厨房等,但却有了更多的合住成分,如每6~8个住宅单元合用一个能源中心、一个煤气锅炉、一个家用热水器和一个通风系统等,能源的节约和环境的保护变得切实可行。据测算,这种生态村里的居民其能源用量仅为原居住地的1/5。

与城市社区相比,村落型生态社区的主要特点是:(1)村落型生态社区与自然地理环境密切相关,有强烈的地域性。(2)村落型生态社区的生产、生活与生态环境密切相关。(3)人口密度较低,人口素质不高。(4)社会结构比较简单。(5)经济活动较简单,自给自足性较强。(6)家庭的功能非常重要。(7)社会心理和社会行为的传统性特征比较明显。

村落型生态社区的功能主要有:(1)空间功能。村落型生态社区为人们的生存和发展提供空间场所和空间环境。空间场所的优劣和空间环境的好坏常常成为人们选择社区的依据,也是社区顺利成长的基础。(2)集聚功能。村落型生态社区是乡村人口集聚地,从而导致文化、信息、资本、技术的集聚。村落型生态社区集聚功能越强,说明人气越旺,乡村社会资源密集程度越高,发展也就越快。(3)传播功能。村落型生态社区成为对乡村居民知识、文化、技术的传播源地或渠道。(4)联结功能。乡村居民和团体依靠村落型生态社区而维系在一起。

2. 村落型生态社区更新原则

"现代"是距离历史原点最远的时空语言概念。现代乡村也是历史长河中演变的一个历程,它反映了人类繁衍、进化的过程。无论城镇或乡村的形态及内涵都包含着人类的生物性和文化性两个方面,即满足人的生存、繁衍的基本需求与心智发展和文化创造能力的需求。因此,村落型生态社区的建设需要充分考虑历史、当代与未来的关系。村落型生态社区的建设应主要包含以下内容:

第五章 生态社区建设

(1) 传统乡村文化的延续

传统乡村是指以农业和农业衍生产业为主要产业的，与乡村自然生态和传统村落文化结合的人类聚居群落。但是受到现代城市生活的影响，作为这些村落生命的血液——村民，已经不再是传统意义上的村民了，村民中的年长者大多还保留着原来的生活，而大部分的年轻人则选择离开乡村到外面去寻找新的生活。传统乡村的生命力正在逐渐衰退，对于乡土文化的延续功能也逐渐减弱。

因此，传统乡村的更新是必然趋势。但真正要延续传统村落的乡土文化和历史，保护乡村的自然生态，并让乡村良性地发展下去，必定要立足乡村本地的自然生态资源和浓厚的地域文化，同时还要发展经济，合理地布置生产与生活空间，提高村民的生活质量，建构健康、舒适的居住环境。只有这样才能使传统乡村文化在现代生活中得到延续与发展。

(2) 因地制宜的可持续乡村发展方式

传统乡村是根植于土地、农业的聚落，承载的是乡土文化。传统乡村因自然生态资源而存在发展，具有很强的地域性，因此根据与地域相容的程度来选择不同的乡村发展方式，只有这样才能使村落型生态社区发展能够与当地的环境自然结合，成为既凝聚乡土文化，又适应现代生活发展的新型社区。例如风景优美有旅游资源的可采用旅游带动型，森林矿产资源丰富的可采用资源开发型，乡镇企业发达的可采用村企合一型，农产品丰富的可采用高效农业型，还有招商引资型，专业加工型等多种发展模式，以点带面，推动区域经济的整体发展。总之，地域性是村落型生态社区的重要特征，必须因地制宜，突出特色地发展村落型生态社区，同时地域性也决定了村落型生态社区不能有什么统一的建设模式，只有发展的经验可以借鉴，如果仅为迎合示范村的建设模式而不顾当地自身的环境条件限制，就会失去村落型生态社区自身的生命力，很快就会被时代所遗忘。

生态意识是所有乡村发展的共同要求，无论传统还是现代的村落型生态社区都应该秉持生态的可持续发展观。生态意识又是与追求短期经济效益相反的，它可能在短期内不能立竿见影，但具有长远的意义。在乡村的发展中，要处理村庄环境与现代农业技术的矛盾，就地取材，使用易于回收再利用和适应地域特征的自然建筑材料，对生活的废物污水经过处理后排出，实现人与自然的和谐相处。

(3) 原有村落的更新和改造

根据我国村镇发展的实际情况，村庄在相当长的一段时间之内仍然将是大量农村人口生活和居住的主要地点。近年来，随着打工经济的发展，农村有一半以上的年轻人到城市工作，他们人虽然在城市，但与家乡的联系仍然很紧密。在我们调研的例子里，有不少农民全家都在城市打工或者让自己的子女和自己的父母一起住在乡下，使许多农民家庭中出现仅有老人或祖孙同堂、父辈不在的格局，农民家庭的"老龄化"和村庄的"空心化"现象日趋严重。改造空心村，对传统聚落空间结构进行重组是改善乡村居住环境和生活品质的一个重要途径。

双起桥村是长沙县福临镇东南侧的一个较偏僻的村庄，其地形为典型的丘陵地带，"九村十八岔"是对其最好的描述。由于村内多为低山丘陵，稍微宽敞的山谷地带都作为耕种用地，而林地也是国家保护对象，因此大部分住宅都盖在山脚处，虽然居住比较分散，但却是利用地形、节约耕地、保持水土的一种策略。双起桥村现有的居民点大多以村组为单位集中居住，一般一个组在一个山坳里。各村民组与村镇中心（一般是村支部所在地）的绝对距离较远，如果全部集中居住，对那些田地在山坳的居民而言，则意味着生产和生活之间的距离更远。因此，村中居民大多利用原有的宅基地进行新居建设。在20世纪90年代，70%的农民都有了2层的楼房，因此农民建房的愿望并不迫切，反而村内的基础设施（道路硬化、农网改造、环境污染等）才是农民迫切希望改善的。

对原有村落的改造应充分研究旧村落的社会因素、自然条件、历史风貌、经济状况，按照可持续发展和生态平衡的原则，根据历史延续、整体协调、保护环境、循环利用、服务群众的指导思想，综合考虑生产、生活、交通和娱乐的各种需求，调整村落布局，整治道路，增设公共设施，使原有村落在改造中达到整体的和谐。

(4) 中心村建设

随着农村经济的发展，农村现代化和产业化速度加快，农村的生产要素也从分散走向集聚，由"同质同构"（单一小农经济）向"异质异构"（一、二、三产业合理配置，人口资源等生产要素集聚和重新组合）转变。这种转变的特征就是人口向镇区集中，围绕城镇采用撤村并点、撤乡建镇等措施，进行规模和结构调整，既节约土地，促进土地复耕，保护环境，提高基础设施的建设和农民生活质量，保证居住环境的可持续发展，又有利于提高乡村现代化建设。中心村的建设是合理地撤并一些不利于持续发展的自然村来加速中心村庄的集聚，增强土地的集聚效应，促进农村的产业化经营。

在乡村产业化的过程中，村镇基础设施不断更新、新建，如集中供热、集中供水、污水排放与处理、燃气、电力通信等。有很多地区，村镇已连成一片或非常接近，基础设施却各建一套，浪费资金，运行低效。村庄合并为中心村，可以解决基础设施共享问题，如水利设施、变电设施、通信设施共享等。中心村是具有一定人口规模和公共设施较为齐全的新型农村社区，中心村建设有利于乡村生活水平的改善和土地资源的集约使用。在合并中采用了相对集中的概念，对新建不久的农民住宅可根据农民自身的意愿选择分散或集中居住，避免"一刀切"的大拆大建，增加农民的负担。

(5) 住宅空间结构与设施的完善

随着农村全面进入小康社会的步伐加快，村落住宅的功能正在发生巨大的变化。传统村落住宅中生产和生活功能空间混杂，家居功能没有按生活规律分区，功能性空间的专用性不确定及布局的不合理等问题越来越与现代的农村生活相矛盾。

近年来，由于农村家庭成员职业的分化，家庭劳动的社会化，家庭成员社会交往的不断扩大和休闲方式的更新等家庭生活行为模式的变化，使得住宅的空间结构也日趋丰富。如传统的堂屋功能简化，通过设置对内的起居厅和对外的客厅来加强住宅空间的专用性；根据农民家庭的人口数量和构成设置相应的老人卧室、儿童卧室和客人卧室等空间；农民收入和生活水平的提高使得书房、活动室、车库等高档次的休闲空间也开始出现在农村住宅中。同时，在住宅的空间布局方面也遵循生产和生活分区、内与外分区、私密性与非私密性分区、动与静分区、洁与污分区的原则。住宅空间结

第五章 生态社区建设

构的完善也相应地带动了住宅配套设施的完善,如村民大都用上了井式自来水,屋内的电气照明设施也比较齐全。

(6) 政府的支持和专业人员的积极投入

村落型生态社区建设是一个长期的过程,政府部门应按照生产发展、生活宽裕、乡风文明、村容整洁、管理民主的要求,坚持从各地实际出发,尊重农民意愿,扎实稳步推进新农村建设。坚持"多予少取放活",加大各级政府对农业和农村增加投入的力度,扩大公共财政覆盖农村的范围,强化政府对农村的公共服务,建立以工促农、以城带乡的长效机制。搞好乡村建设规划,节约和集约使用土地。培养有文化、懂技术、会经营的新型农民,提高农民的整体素质,通过农民辛勤劳动和国家政策扶持,明显改善广大农村的生产生活条件和整体面貌。马晓河最近在四川作了一次调查,他说,100户农民在回答问卷时,完全愿意搞新农村建设的占28%,68%的农民表示只要自己不出钱就愿意搞新农村建设。这说明,新农村建设必须以政府为投资主体,才会得到农民的拥护。

长期以来,社区建设都偏向城市,建筑师很少涉及农村。哈桑·法赛说过:"没有一个农民会想到请一位建筑师为其设计家园,而建筑师也不会想到这一点。"针对这种情况,建筑师应该积极投入乡村建设的实际工作中,置身于乡村之中,使用自己的知识与技术协助农民解决居住问题。在设计前,进行居住实态调查,走访住户对象,以充分了解农民的居住生活状况和要求;竣工入住后,进行回访,以不断完善设计思路与工作方法。

(7) 村民参与

在当前的村镇住宅建设上,农民只关注自家的住房,却无意或无力参与社区整体环境的营造,无法保障社区的持续健康发展。在新农村建设中,居民不仅要关注自身住房的建设,还应该接受营造环境的责任,愿意投入时间、精力与资源,学习如何改善环境。

村落型生态社区建设的突出特点是:由下而上、地域性强,针对特定的地理环境,做出特定的社区建设方案。由于村庄的人造环境极为复杂,历史和传统的沉淀较多,而近年来发展又十分迅速,变化很大,对其中情况真正了解的人就是村民自己,只有他们是真正的专家。通过村民参与,将农户的生活价值观和审美情趣吸收到设计和建设中来,给社区建设带来新的文化与活力。同时,村民参与还是一个教育过程,不管是对农民,还是对建筑师,都是一个不可或缺的真实体验。正如弗德里曼所说:"设计过程有一部分是教育过程,设计者从群众中学习社会的文脉和价值观,而群众则从设计者身上学习技术和管理,设计者可以与群众一起发展方案。"村民参与社区设计不但可以提供环境经营与管理的机会,还可通过对村落型生态社区发展过程的共同思考来强化社区的自主发展和文化认同,最终达到建立一个社区自主的聚落环境,并能长久地进行聚落环境改善的目的。

3. 案例分析——浏阳沙龙小康示范村建设实例

沙龙村属沿溪镇所辖,距浏阳市24km。全村村域面积12.6km^2,有耕地5600亩,其中水田4440亩,辖33个村民小组、1527户、5890人。过去这里既不靠山,也不近水,资源贫乏,大多数村民长期守着几分水田度日。

自党的十五大三中全会提出建设有中国特色社会主义新农村的目标以来,沙龙村根据浏阳的优势,提出"要致富,搞爆竹"的思路来,率先在村里办起爆竹厂。随着浏阳市花炮精品园在村东落户,村办爆竹厂就成为花炮精品园的配套生产企业。几年下来,爆竹厂生产规模不断壮大,村里又配套建起了塑料、化工、包装等相关企业,使工业企业发展到10家,全村工业总产值2005年达到3800多万元。工业经济的不断壮大,为沙龙村的农业发展积累了必要的资金,增强了农业发展的潜力。近三年来,全村共向农业投入680万元,兴修标准渠道1.26万m,大大改善了农田水利条件,95%的农田达到旱涝保收,全村路渠配套,实现了"田成方、渠成网、路相通"的现代农业基础格局。

经济发展后的沙龙村抓住土地规模经营的机遇,实现土地规模流转。村里把3800亩土地集中整理,把过去被户界、地埂、水渠分割成零散的农田连接成相对集中的规模农田,并重新划分了农民增收种养区、工业小区、高标准村民住宅集中区。全村还规划了"三纵四横"的中心道路网络,科学布局村委会、学校、幼托所、卫生室、敬老院、娱乐室、集贸市场、农家乐和休闲广场等公共服务设施;同时启动旺龙、蝴蝶、南海花园三大住宅小区的建设。新的别墅群错落有致,将极大地改变农居"散、乱、差"的状况,还能盘出散乱建房多占的土地,有效地节约紧张的土地资源(图5-1)。现已落成的蝴蝶花园A区,统一规划建筑,不仅让30户农民住上了别墅,还通过老屋还田,增加了耕地面积40余亩(图5-2)。

图5-1 浏阳沙龙村规划鸟瞰图　　图5-2 浏阳沙龙村蝴蝶花园住宅小区

同时,村里还划出占地60亩的农户养殖小区,使住宅集中区实现了人畜分离。对迁入养殖小区的120个专业养殖户,村里补助每家每户建沼气池,一个沼气池仅节约能源一项,年直接增收就达到245元;通过沼气利用与改水、改厕相结合,极大地改善了村民住宅的卫生条件。养殖户还推广"猪——沼——稻"、"猪——沼——果"、"猪——沼——鱼"等多种生态种养模式,向可持续发展的生态型农村新区迈进。

思考题

1. 请简述生态社区概念的内涵。
2. 生态社区有哪些功能?

3. 请简单介绍现代村落型生态社区建设的基本模式。
4. 请简述村落型社区的主要内容。
5. 请解释城市社区的定义。

参考文献

[1] 斐迪·南滕尼斯. 共同体与社会 [M]. 北京：商务印书馆，1999.
[2] R. E. Park. Human Communities: The City and Human Ecology, New York: Free Press, 1952.
[3] 奥莉·斯塔克，苗晓红. 赫尔辛基市 21 世纪地方发展规划 [J]. 上海城市管理职业技术学院学报，2002(1).
[4] 程世丹. 生态社区的理念及其实践 [J]. 武汉大学学报(工学版)，2004(03)：84~87，98.
[5] 马菁. 从生态住宅走向生态社区 [D]. 昆明理工大学，2005.
[6] 孙良，夏海山. 关于"生态住区"建设的思考——以上海住区发展为例 [J]. 重庆建筑，2002(3).
[7] 宁艳杰，韩烈保，谢宝元. 城市生态住区建设刍议 [J]. 北京林业大学学报(社会科学版)，2004(2).
[8] 韩荡. 城市景观生态分类-以深圳市为例. 城市环境与城市生态，2003.16(2)：50~52.
[9] 王仰麟. 景观生态分类的理论与方法. 应用生态学报(增刊)，1996.7：121~126.

第六章 传统居住区的可持续发展研究

传统住区作为一个有机整体,它的实体与非实体部分(社会、自然)是相互联系、密不可分的。我们可以把对传统住区的可持续发展理论建构放到从影响可持续发展各项因素的研究入手,以自然和社会的历史发展为纵轴,以自然和社会的现实环境为横轴的体系中去把握。

第一节 基于气候适应性的传统居住区规划布局

作为历史文明见证和精神家园的传统住区是中华民族传统文化的宝贵财富。传统住区规划犹如一面镜子,它忠实地反映出当地人民依照自己的生活习俗和生产需要,适应自然环境、经济条件、因地制宜地构筑起适合于当地人的居住环境。适应气候的建筑选址与布局,为建筑与自然界之间形成良性的物质和能量交换创造了条件,也为建筑自身的发展打下了坚实的基础。正如建筑专家们指出的:自然气候是建筑设计最重要的边界条件之一。衡量建筑密度是否合理、规划布局是否科学,对于不同气候的地区来说,评判的标准会有很大的差异。处理好规划、设计与气候条件的关系,就要将建筑设计与建筑技术有机地结合起来,使居住建筑不受或少受恶劣气候的影响。下面就不同气候带的传统住区的气候适应性作一分析研究。

一、严寒和寒冷地区

在严寒和寒冷地区,冬季严寒漫长,夏季凉爽短促。冬天最低气温可降到-10~-30℃,采暖是生存的基本需求,根据严寒和寒冷地区的气候特征,住宅设计中首先要保证围护结构热工性能满足冬季保温要求,并兼顾夏季隔热。下面以蒙古民居(图6-1)为例就该地区住区的气候适应性作一分析。

图 6-1 蒙古民居——蒙古包

蒙古族数千年来以其特有的传统和文化繁衍生息在广阔的北部边疆。蒙古族民居的雏形可以认为是与游牧文化初期相伴随的帐篷和车金格勒,之后在成吉思汗时期发展出的民居以穹庐毡帐——蒙古包为主,在明清时期出现了干垒石头房、土筑木结构平房,以上几种民居形式是使用历史最长且最具有代表性的民居形式。

蒙古族的主体在历史上以游牧为生,逐草而牧,傍水而息,以一家一户为基本单元体,从利用草场的季节上来看有冬夏之分,因而其不同季节所居住的地方也就被分别称之为"冬营盘"和"夏营盘"。车金格勒与干垒石头房是最初的一种民居组合形式,即在寒冷日住车金格勒,在夏日里则利用石头房和帐篷。蒙古包与土筑平房是随后的另一种组合,因为夏营盘一般有数处,蒙古包可以满足其易拆迁和便于快速搭建的需求;冬营盘则通常只有一处,并盖有固定的土筑平房。

牧民落户居住选址时多在山之南水(溪)之北,可谓是"负阴抱阳"之处,住所的朝向与门窗的开启皆背风朝阳,这便是民居最初适应气候的表现。从民居的体形上来看,以御寒防风为主的车金格勒、蒙古包、砖房的平面形状取圆形和近似于正方形的平面,不仅使一定建筑空间下的外围护面积最小,耗热量最小,而且在提高整体抗风能力上也是尚佳的选择。

二、夏热冬冷地区

夏热冬冷地区包括长江流域的重庆、上海等15个省市自治区,是中国经济和生活水平高速发展的地区。根据夏热冬冷地区的气候特征,住宅的围护结构热工性能首先要保证夏季隔热要求,并兼顾冬季防寒。下面以湖南民居(图6-2)为例就该地区住区的气候适应性作一分析。

图6-2 湖南民居——张谷英村

湖南气候属大陆型亚热带季风湿润气候,四季分明,日照充足,严寒期短,无霜期长,雨量充沛,春温多变,夏秋多旱。冬季北风,凛冽干寒,冷空气影响较大,但为期不常,夏季南风,潮湿闷热,而且延续时间较长,尤其湘中和洞庭湖区。

多样的地理环境、气候条件,对湖南地区形成不同地域建筑的诸多类型产生了深刻的影响。其传统建筑较为高大,讲求南向、穿堂风和遮阳等降温措施。传统民居选址多依山傍水,讲究风水,生态环境优美;建筑多采用纵横轴线的院落式布局,主从关系明确,阴阳有序,体现了人、地、天合一的传统哲学思想;建造技术与艺术体现了当地的环境特点、生活习俗和传统的审美文化,是传统哲学观念和生态观念的有机结合。建筑群中以纵轴线为主"干",纵轴线上的建筑为一组正堂屋,是主体建筑,以横轴为"支",横轴线上的建筑为若干组侧堂屋,是"附属"建筑。正堂屋与侧堂屋相比较,正堂屋相对更为高大、空旷、威武而庄严,为长辈使用。横轴上的侧堂屋由分支的各房晚辈使用,如此展开。厅堂宽敞、高大,是两侧的卧室、厢房所不及的。而且主轴线上的厅堂、大门等又要高于次轴线上的。对居住环境,古人认为:夫宅者,阴阳之枢纽,人伦之规模……人因宅而立,宅因人得存,人室相扶感通天地(《黄帝宅经》)。按照阴阳理论的"四象"时空观、天井(包括院落)式建筑的阴阳空间划分更为细致。天井式民居建筑中的空间对照阴阳理论的"四象空间"划分为:"太阴"空间——室内空间(内檐空间),即私密空间;"少阴"空间——廊檐空间(外檐空间),即过渡空间;"少阳"空间——天井空间,即半私密空间;及"太阳"空间——户外空间,即开敞空间。

湖南传统民居中的院落和天井主要用于采光、通风和排除屋面雨水,原因是,井字形内天井式建筑天然采光最好,建筑密度最大,而且有了内天井,房屋可以从两面采光。通过天井边的隔扇门窗,室内表现出更为生动的光线效果,得以通风换气。内天井成为家庭生活的美化中心,来自天井的天然光线把人们的视线从琐碎的家庭杂物中引向外部庭院的景物,光的清晰感有助于看清内外装修的细部,并增加绿化在天井中的美感。这种阴阳相成虚实相间的院落序列空间,在密集的居住状态下较好地协调了人与自然的关系,较好地解决了日照、通风、保温、隔热、反光和防噪等问题,体现了良好的居住生态环境。

三、夏热冬暖地区

在夏热冬暖地区,由于冬季暖和,而夏季太阳辐射强烈,平均气温偏高,因此住宅设计以改善夏季室内热环境、减少空调用电为主。设计中首先应考虑的因素是如何有效防止夏季的太阳辐射。在当地住宅设计中,屋顶、外墙的隔热和外窗的遮阳主要用于防止大量的太阳辐射得热进入室内,而房间的自然通风则可有效带走室内热量,并对人体舒适感起调节作用。因此,隔热、遮阳、通风设计在夏热冬暖地区中非常重要。下面以广西民居(图6-3)为例就该地区住区的气候适应性作一分析。

图6-3 广西民居

广西以壮族为主,聚居着壮、汉、苗、瑶等12个民族,民族文化缤纷灿烂,民俗活动多姿多彩,各民族的民居都或多或少地表现出特定的形式和风格特性。壮族的木楼,俗称"干阑",以粗长的圆木为立柱,下垫长约1m的石柱,以防立柱腐朽。立柱上凿榫连以纵横木条,中层铺垫木板,屋顶做悬山式。房屋分为上层、下层和阁楼三部分。下层架空通透,既防潮避害,又可用作牛栏、猪圈、鸡舍、厕所和贮藏室。苗族吊脚楼是全干阑形式,在适应山地环境、获得最佳居住形态的过程中创新发展而成的，体现了传统民居尊重自然、顺应自然、合理改造自然，根据现实需求不断发展演进的过程。侗族的干阑民居在继承传统干栏形式的同时，加入了廊的元素，户与户之间以廊道相通，共用一架木梯上下，弘扬了开放、自由的文化传统。而在多进式院落或由若干院落组成的大院落中，由建筑围合成的天井，是广西汉族院落式民居中所特有的空间。

广西传统民居依山建寨、就势造屋、顺应自然。在广西传统民居的规划选址中，水和土地是选择理想居所的首要条件。瑶族村落的选址依山势而定，只要是靠近水源和耕作区域、易找建筑材料、野兽出没较少的向阳处，便可建寨。传统民居选择依山建寨，还体现了广西大多数居住在大山里的人民对山的崇敬和依恋，山不仅阻挡了冬天的寒流，也给人们心理上的庇护和安全感；依山面水而居，不仅拥有了冬暖夏凉的小气候，也与自然完美地融合成丰富的景观空间。具体到每个地块的详细规划，传统民居的规划布局是很有借鉴意义的。"七山二水一分田"是广西地形地貌的形象概括，大多数少数民族村寨依山而建，居屋随地势起伏延绵，与自然保持和谐、统一。

四、温和地区

温和地区传统民居及环境形态结构的生成，是人们长期适应环境的结果。利用当时、当地最经济的材料，尽可能适应当地的气候特征，从而得到最大的舒适。那时，人们把人类的智慧都用于利用大自然直接给予的物质资源，体现出人与自然的直接而又融洽的关系。下面以云南民居（图6-4）为例就该地区住区的气候适应性作一分析。

图6-4 云南大理喜洲白族民居

云南大理喜洲白族民居有着独树一帜的民居街道格局和建筑风格，具有浓郁的民族特色，被称为"滇西的一颗明珠"，经过几千年的发展逐步形成了自己的风格和特点。从建筑格局分析，喜洲民居在平面布局上简明，以"间"为单位构成单座建筑，再以单座建筑连成庭院，进而以庭院为单元，组成各种形式的建筑组群。住房一般以三间为一单元建筑（称此单座建筑为一坊），再以此单座建筑组成不同平面布局的院落。比如两坊组成的曲尺形"一房两耳"或"两房一耳"式住房；三坊组成的"三坊一照壁"院落；四坊组成的"四合五天井"的四合院落；较大的住宅由几个院落组成不同形状的"重院"，如"六合同春"式结构。建筑风格统一和谐，布局合理有序，且用苍山石垒墙，房屋构架具有较强的防震抗震功能。

喜洲处在云贵高原，坐落在苍山洱海之间的坡地上，为了争取更多的日照和减少风灾的影响并尽量少占平地，民居吸取了汉族院落式布局，创造出三坊一照壁形式。主房一般靠山面海，海风常年袭来，因而白族人民设计的照壁主要是起挡风作用。照壁还有反光作用，为三面木楼增加了屋内光线。除了挡风、反光和装饰，当地人认为照壁还具有避邪的作用。因此，气候与地理因素作为一种客观存在影响着白族民居形态的构造。

五、小结

综合对不同气候带的传统住区的分析，传统住区在规划布局时充分考虑了建设基址的气候状况和地形地貌。恰当的建筑选址可以充分利用基地周围自然地理环境对气候的调节作用，获得适宜人们生活居住的局地气候环境；合理的建筑布局可以有效地利用气候资源，削弱建筑建成后对当地自然环境造成的负面影响，为实现建筑与自然环境之间良性的物质能量循环创造条件。

我国气候条件复杂，所以在建筑选址时，既要留心区域性范围的大气候，又要注意建设基址的小范围的局地气候。我国传统的风水理论在建筑选址和布局方面就有"负阴抱阳，背山面水"的说法。所谓"负阴抱阳，背山面水"，即基址后面有主峰来龙山，左右有次峰或岗阜的左辅右弼山，或称为青龙、白虎砂山，山上要有保持风茂的植被，前有月牙形池塘（宅、村）或弯曲的水流（村镇、城市），水的对面还要有个对景山——案山，轴线方向最好是坐北朝南。基址正好位于这个山水环抱的中央，地势平坦而具有一定的坡度，这就形成了一个理想的风水格局，可以看出这种传统的风水格局就是在充分利用当地的气候条件与地理条件的基础上发展出来的。我国传统的风水理论显示，由于地形复杂，局地气候也多种多样。了解古人在建造宅舍、屋村时，对当地气候要素以及地理特征积极的回应与运用，渗透了古人对"天人合一"的生活境界的向往与追求。

第二节 传统居住区规划设计与建筑节能

住宅小区的规划设计对单体住宅节能有明显的影响，住宅小区的规划应从建筑选址、分区、建筑和道路布局走向、建筑方位朝向、建筑体形、建筑间距、冬季主导风向、太阳辐射、绿化、建筑外部空间环境构成等方面进行综合研究，以改善小区的微气候环境，并实现住宅节能。下面就传统住区规划对上述几个主要方面的情况作一分析。

一、建筑选址与布局

建筑的选址首先应根据气候分区进行选择。对于严寒或寒冷地区，为防止"霜洞"效应，传统住区多不布置在山谷、洼地、沟底等凹地处。因为冬季冷气流容易在此处聚集，形成"霜洞"，从而使得位于凹地的底层或半地下层建筑为保持相同的室内温度而多消耗一部分采暖能量。但是，对于夏季炎热的地区而言，传统住区多布置在上述地方，因为在这些地方往往容易实现自然通风，尤其是到了晚上，高处凉爽气流会

"自然"地流向凹地,把室内热量带走,在节约能耗的基础上还改善了室内的热环境。其次,传统住区多注意向阳问题。此外,还对冬季防风和夏季有效利用自然通风的问题也是很重视的。

合理的建筑群体布局形式能充分利用和改善局地气候对建筑产生的影响,抵御不利天气,创造适宜的建筑微气候环境。反之,如果建筑形体组合不恰当,则对局地气候和室内气候都会产生负面影响。传统住区布局形式根据建筑平面围合形态的不同可以分为周边式布局(在寒冷和干热地区经常可见)、行列式布局(通常应用于对日照和通风均有较高要求的地区)以及综合式布局。

小区规划中应注意热岛现象的控制与改善以及如何控制太阳辐射得热等。合理设计小区的建筑布局,可形成优化微气候的良好界面,建立气候"缓冲区",对住宅节能有利。传统住区规划布局中多注意改善室外风环境,在冬季避免二次强风的产生以利于建筑防风,在夏季避免涡旋死角的存在而影响室内的自然通风。

二、建筑朝向

建筑的朝向是指建筑主要房间所处的方位,独立住宅以主要居室的方位作为建筑的主要朝向。通常,影响建筑朝向的主要气候因素是太阳辐射和风。一般说来,我国建筑的主要朝向通常为南向。夏季太阳光线与南向墙面的夹角很小,因而墙面上受到的太阳辐射热就相对较少,同时太阳的高度角大,导致太阳辐射直接通过建筑开口照向建筑室内的深度和时间都相对较少。相反,冬季时,南向房间在太阳照射的时间和照射深度上都要强于其他朝向,因此南向的房间具有冬暖夏凉的特点。

风是另一个影响建筑朝向的重要气候因素,不是所有的民居的最佳朝向都是正南向,这主要是因为建筑在朝向选择上还考虑了当地的主导风的风向。例如南方传统住区,其当地的夏季主导风向是东南风,选择东南向为当地主要朝向,既可以有效地减弱太阳辐射对建筑产生的不利影响,同时又能利用当地的主导风向对建筑进行降温和除湿;而我国北方地区寒冷,在建筑朝向选择时,就尽量避免北向,这不仅是因为北向的房间冬季较难获得足够的日照,还因为冬季来自北面的寒冷空气会对建筑热工环境产生非常不利的影响,所以该地区的建筑北向就尽量减少开口。

三、建筑间距

从卫生学的角度来看建筑物的间距,应该考虑日照和通风两个主要的因素。

太阳辐射是影响建筑间距的主要因素。研究我国传统村镇的街道发现,一些村镇为了获得更多的日照,沿南北向的街道比较短,沿东西向的街道比较长,这样的建筑布局方式有利于争取更多的南北向住房。由于我国南北方气候差异大,对日照的要求也不同,因而建筑之间的间距也不能一概而论。例如我国新疆民居为了适应当地干热气候的特点,在建筑群体组合时,尽量靠拢以减小间距,利用建筑之间产生的大面积阴影区,减弱烈日曝晒的影响;而以高寒为主要气候特征的地区,如西藏民居和青海民居则表现为尽量争取足够的日照,建筑之间有较大的间距,使朝阳的一面获得更大的日照面积和时间。因此,建筑间距的设置应结合当地的气候特点,在保证室内获得

第二节　传统居住区规划设计与建筑节能

足够的日照的前提下，避免过量的太阳辐射。

风对间距产生的影响同样不可忽视，尤其是需要通风降温的湿热和干热地区的建筑布局。与寒冷地区不同，湿热和干热地区主要位于低纬度地区，常年日照充足，因而在建筑布局时更多地考虑建筑之间的通风与遮阳。在我国岭南传统村落的布局中经常可以看到一种梳式的布局方式，房屋之间的间距非常小，特别是迎着主导风向的街道间距。村落布局采用这种狭窄的间距主要是为了充分利用当地的主导风解决建筑的通风和除湿。

四、太阳辐射

太阳辐射直接影响居室热环境和建筑能耗，同时也是影响住户心理感受的重要因素。日照的程度是用日照时数和日照百分率来衡量的，所谓日照时数是指太阳实际照射到某表面的时数；而日照百分率是指一定时间内某地日照时数与该地的可照时数的百分比。我国主要城市的全年日照百分率，以地处我国东北、华北、西北的Ⅰ、Ⅱ、Ⅵ、Ⅶ区为最大，以地处四川盆地的Ⅲ区为最小，而位于长江中下游、华南及云贵高原的Ⅲ、Ⅳ、Ⅴ区居中。

不同气候分区下的日照要求

建筑气候区划	Ⅰ、Ⅱ、Ⅲ气候区		Ⅳ气候区		Ⅴ、Ⅵ气候区
	大城市	中小城市	大城市	中小城市	
日照标准日	大寒日				冬至日
有效日照时间带(h)	8~16				9~15
计算起点	底层窗台面				

决定住区住宅建筑日照标准的主要因素，一是所处地理纬度及其气候特征，二是所处城市的规模大小。我国地域广大，南北方纬度差约50余度，同一日照标准的正午影长率相差3~4倍之多，所以在高纬度的北方地区，日照间距要比纬度低的南方地区大得多，达到日照标准的难度也就大得多。

日照与人们的日常生活、健康、工作效率关系紧密，因此在规划设计中要注意合理利用太阳辐射。例如对于寒冷地区的冬季，住宅规划设计应在满足冬至日规定最低日照小时数的基础上尽可能争取更长的日照时间，为此应在基地选择、朝向选择和日照间距上仔细考虑。我国北方庭院，尤其四合院院墙高度一般低于屋脊；而江浙地区的院墙高度则显著增加，有些甚至高出屋脊，巍然高峻。这种院墙高度的地域差异，与日照程度密切相关。北方纬度偏高，太阳高度偏低，朝阳面的院墙如若高大会严重阻碍居室采光；而江浙地区日照强烈，高墙则可提供荫凉。

五、气流及其运动

住区室外空气流动情况对小区内的微气候有着重要的影响，局部地方风速太大可能对人们的生活、行动造成不便，同时会在冬季使得冷风渗透变强，导致采暖负荷增加。

在我国《中国生态住宅技术评估手册》、《绿色奥运建筑评估体系》等出版物中，对建筑小区外的室外风环境设计提出了明确的要求，即：

在建筑物周围行人区 1.5m 处风速小于 5m/s。

冬季保证建筑物前后压差不大于 5Pa。

夏季保证 75% 以上的板式建筑前后保持 1.5Pa 左右的压差，避免局部出现旋涡和死角，从而保证室内有效的自然通风。

良好的室外风环境，不仅意味着在冬季盛行风风速太大时不会在住区内出现人们举步维艰的情况，而且在炎热夏季能利于室内自然通风的进行（即避免在过多的地方形成旋涡和死角）。因此在对住区进行规划时，不应只把注意力集中在建筑平面的功能布置、美观设计及空间利用上，也要考虑住区中气流的流动情况。尽管多数人知道当风垂直吹向建筑物正面时，由于受到建筑表面的遮挡而在迎风面产生正压区，在建筑物背面产生负压区，但是多数人缺乏合理布置建筑（或设置障碍物）以避免"风漏斗"或"再生强风"的经验。

传统民居中的典型代表徽州传统民居，有所谓"马头墙"，即墙体高出屋面、屋脊部分的顶端做成层层跌落的水平阶梯形，不仅防火而且防盗。如此高深的院墙在获得安全的同时却损失了住房内良好的采光，于是建造者在明堂之前加设天井，且天井四周房屋开敞，从而很好地解决了屋内采光问题。天井以下设置蓄水池不仅增强了反光效果也可以作为消防蓄水，而且在炎热天气里水的蒸腾还可以调节院中温度。安徽民居在当地昼夜温差大的典型气候条件下，利用天井形成的热压通风，实现白天抑制室内外通风防止室温上升过快，晚上促进室内外通风而利于室内降温的通风模式。采用热惯性小、隔热作用好的围护结构，使得房间温度白天不易升高而夜间又可迅速下降，从而使房间在自然通风模式下达到最好的热环境条件。

总之，规划应注意冬季防风和夏季有效利用自然通风的问题。在寒冷地区，考虑冬季防止冷风渗透而增加采暖能耗，住宅建筑应选择避风基址建造；而在夏季炎热地区，则应顺应当地的盛行风向，尽可能利用自然通风。对于绝大多数地区而言，由于冬夏两季盛行风向的不同，住宅小区的选址和规划布局可以通过协调与权衡来解决防风与通风的问题，从而实现节能的目标。

第三节 传统居住区面临的问题以及更新

一、面临的问题

传统住区是人们长期在劳动和生活中创造出来的"社区"典范，是社会发展的产物。但随着时间的推移，传统住区也正在发生着深刻的变化。其主要问题是：

1. 保护意识不强，毁损严重

一是随意改造，建筑风格毁失。有些居民任意改建古民居，随意砌墙、封门、堵窗、打洞，任意填挖街巷路面，随意粉饰装修门面，修旧如新，改变了原有古民居的建筑风格，丧失了古民居原有的建筑韵味。

二是乱建乱搭，古民居格局毁失。在一些古民居中，各种管线杂乱挂接，街巷乱堆乱放，新建筑见缝插针，这些均与古民居原有的环境格格不入，而且古民居的格局和环境还在不断遭到破坏，若允许其任意发展，最终古民居将不复存在。

三是消防意识不强，安全隐患严重。目前绝大部分的古民居都没有消防设施，有些人在古民居的木结构上乱拉电线，一旦电线老化发生短路，就会酿成火灾。有些人在木结构房屋中生火做饭，稍有不慎就会将木结构的古民居毁于一旦，将造成无可挽回的巨大损失。

2. 法律依据不足，管理缺位

一是法律依据不足。对古民居的保护缺乏法律依据，以至于政策性的文件难于出台，难以在古民居的保护中依法行政，依法管理。二是机构不健全，管理人员缺乏。目前规划建设部门的管理职责只延伸到建制镇，而对广大农村的建房根本没有机构和人员来管理，致使农民的建房处于一种放任和失控的状态，由此导致了许多古民居遭到毁灭性的破坏。三是保护措施不力。由于古民居普遍缺乏管理制度和相应的管理措施，致使有些珍贵的石刻、木雕等古构件被任意摆放，随意玩弄，甚至有一些不法分子，内外勾结，盗卖古民居里的珍贵文物。

3. 深入挖掘整理不够，文化内涵不强

保护古民居，不仅仅是单纯地保护其建筑形式，更重要的是要充分挖掘和保护其历史文化内涵。只有历史文化厚重的古民居，才具有旺盛的生命力，才能吸引游客，使人百看不厌。如濂溪故里，目前仅存遗址，何绍基故里虽然修复了房屋，但能代表晚清大书法家的遗存实物太少，这与他们的声誉和地位极不相称。

4. 资金投入严重不足，抢救和保护任务繁重

建筑修复的任务艰巨。古民居建筑大都有100多年以上的历史，又多为砖木结构，自然损害明显，年久失修，致使许多建筑已经严重损坏，因此亟待进行全面的维修加固。

基础设施建设的任务艰巨。古民居基础设施十分陈旧，如排水设施都是石砌排水沟，因长久没有维护而已经阻塞，导致排水不畅，使得房间潮湿；村落街巷狭窄，凹凸不平，交通不便；有些古民居居圈混杂，污水横流，垃圾任意堆放。因此，古民居的环境改善和基础设施的更新任务十分艰巨，需要大量的资金投入。而目前古民居的保护大多还处于一种村民自发状态，资金投入极其有限。

二、加强历史文化名村和古民居保护的建议

1. 统一思想，提高认识

为保护众多古民居，必须强化"三种意识"。一是要强化资源意识。古民居是历史的产物，是历史的沉淀，有着深厚的文化内涵。因此，它既是一种不可再生的历史文化资源，也是一种珍贵的民族资源。比如周敦颐理学，在中华文化史上占有很重要的一席之地，也是湖湘文化一颗灿烂的明珠。从某种角度来讲，现存的那些古民居，都是中华民族几千年灿烂文化不可缺少的一部分缩影。二是要强化保护意识。坚持保护为主的方针，要将古民居的保护纳入到各级政府、各级部门的重要议事日程，并在工

作中抓紧抓实，尤其要宣传，教育广大农民提高保护意识，激发村民自主、自强、互助、勤劳、奉献的精神，发挥主观能动作用，自觉地在社会主义新农村建设中履行起传承和保护优秀文化遗产的职责。三是要强化抢救意识。贯彻抢救第一的方针，对濒临湮没的古民居要抓紧进行抢救性保护，不要做历史的罪人。因此，抢救和保护好古民居是一项功载千秋的事业，各级政府、各级部门必须统一思想，提高认识。

2. 加强普查，建立保护名录

一要加强普查，完善档案体系。各地特别是县级规划管理部门和文物部门，要尽快组织力量深入广大农村，全面完成古村落和古民居的普查与鉴定工作，建立起古民居的详细档案，并汇总形成省、市、县三级档案体系。二要因地制宜，建立保护网络。结合古民居的普查，将那些传统风貌完整、民族风情独特、地方特色突出，具有较高历史、文化、艺术和科学价值的古民居申报纳入历史文化名镇名村范围予以严格保护。要按照国家有关要求，建立和完善国家、省、市、县四级历史文化名镇名村保护网络，并建议由省、市、县人民政府分别对省级、市级和县级历史文化名镇名村进行授牌。省建设厅要抓紧牵头制定省、市、县三级历史文化名镇名村的申报评定标准。

3. 加强立法，完善管理体系

一是要制定保护法规。保护好古民居，既是社会发展与文化建设的需要，也是全社会的责任，因此必须将古民居的保护纳入法制化轨道。建议尽快制定法规，建立完善有效的保护机制，明确保护目标、任务和要求，落实各方的法律责任。各级政府及其有关部门应当加强制定古民居的保护管理规定，严格管理程序，强化管理措施。各村民委员会应当积极完善乡规民约，规范和约束村民在古民居保护中的行为。二是要建立健全机构，明确保护职责。建议成立历史文化名镇名村和古民居保护协调领导小组，专门负责协调历史文化名镇名村与古民居的保护和规划建设问题。要建立健全村镇一级的规划建设管理机构，充实专业技术人员，将村镇规划建设管理由建制镇延伸到广大的农村，切实将古民居的保护纳入到规划建设管理部门的管理职责范畴；要充分发挥村民自治组织的主导作用，确立村民在古民居保护中的主体地位。三是要严格要求，加强监管。要严格按照古民居保护规划的要求实施建设活动，建立健全建设工程规划许可制度，禁止乱建乱搭和一切违章建设；对古民居和其他古建筑的修缮改造，必须坚持"修旧如旧"的原则，确保古民居"历史的真实性"和"历史风貌的完整性"；对影响古民居整体风貌的一些新建筑，要采取改造或拆除措施；要加强古民居的环境整治和基础设施的更新完善工作，根除脏乱差，特别要结合新农村建设，进行改水、改厕、改厨、改圈，改善古民居内部居住条件，维护外部的古色风貌，做到古为今用，适应现代新农村的发展要求；各级规划建设管理部门和文物部门要加强督促检查，发现问题要及时纠正处理。

4. 制订规划，落实保护措施

乡镇人民政府必须组织编制古民居保护规划，明确保护原则和目标，划定保护范围和建设控制地带，突出保护重点，确定保护方案，制定严格的保护措施和控制要求。对重点保护区域还应当组织编制详细规划，并进行具体的设计。规划行政管理部门要加强对规划的指导,将古民居保护规划的编制、审批、实施纳入规范化的轨道。要围绕建设社会主义新农村的共同行动,将古民居的保护规划同村庄布局规划和村庄整治建设规划有机结合起来,使古民居的保护纳入新农村建设的村庄整治范畴。要合理调整村民的居住布局,严格控制古民居的人口居住密度,改善村民的居住环境,减少因人口密度过大而对古民居造成的破坏。

5. 拓宽投资,加大保护力度

以市场经济体制为基础,建立"政府主导,市场运作,多方投入,发挥各方积极性"的投资、维修和保护新机制。一是坚持政府主导。县级以上人民政府应当将古民居的保护经费纳入本级公共财政预算,确保专款专用,足额到位。建议省财政每年安排专项资金,用于古民居的普查、鉴定和国家级、省级历史文化名镇名村保护规划的编制与实施工作,并抢救性地保护一批古民居。地方财政安排的配套资金,主要用于市级县级历史文化名镇名村的保护工作。二是坚持市场运作。要加强引导,建立多元化的投资渠道。对古民居的修缮及基础设施建设和环境整治,政府要积极引导,建立保护的投入机制,鼓励社会资金参与开发建设,发挥社会各方面的优势和积极性,广泛吸纳资金。

6. 有序开发,促进农村经济和社会全面发展

坚持保护为主、有序开发的原则,充分利用和发挥古民居这种珍贵历史文化资源的优势,促进当地农村经济和社会的全面发展。要通过以下三个结合,进一步落实处理好保护和开发的关系。一是要将古民居的保护和农村旅游开发结合起来。选择规模较大、保护完整并具有一定区位基础、产业基础和群众基础的古民居优先进行旅游开发,促进农村产业结构的调整与提升,做大做强农村的旅游产业,以旅游业来带动农民增收和农村经济的发展。旅游管理部门要把具有良好开发基础的古民居纳入精品旅游线路。二是要将古民居的保护和农村先进文化建设结合起来。在古民居的保护中要积极挖掘历史文化内涵,弘扬优秀文化传统和先进文化思想,加强文化和道德教育,切实提高农民的文化素质和道德素质,促进农村人文环境进步。三是要将古民居的保护和社会主义新农村建设结合起来。对古民居进行保护与开发利用,是社会主义新农村建设的重要组成部分。在村庄整治建设中,落实古民居的保护措施,加强基础设施配套建设,改善农村面貌和村民的居住环境,促进农村全面发展,让村民从中得到更多的实惠。

三、基于可持续发展传统住区的更新研究

传统住区突破了以往建筑的物质性概念,上升成为文化品位和意义的象征,其历史价值和艺术形态取代物质质量成为人们审视、鉴赏和评价的最高标准。从政府到大众都意识到了历史文化作为一种不可多得的文化资源对社会可持续发展的重要性。另外,社会对文化的消费需求日渐强劲。对传统住区的更新是绝对的、整体的和大规模的,保护是相对的和部分的。从整个发展来看,传统住区的衰败是一种整体性的衰败,是物质空间和社会空间的同时衰败。因此,我们在进行保护与整治的时候,必须对其进行全面的、整体的更新。

1. 物质更新

任何事物都有成长、兴盛和衰败的过程，中国传统的木构建筑充分体现了这一点，所以，物质性的衰败是不可避免的，没有积极的更新只能是任其衰败，物质空间应随着居住主体生活需求的改变而改变，对建筑物质肌理的积极更新将会恢复历史地区的活力。

2. 社会更新

历史地区的物质空间和社会空间是成正比的，传统社会网络衰落，传统居住区的阶层分化导致新生代逐渐迁离传统居住区，因此新的社会网络和社区文化难以形成。所以，需要对整个传统居住空间的居住主体进行置换。从这个方面来说，与美国在20世纪六七十年代实行的"士绅化"过程相似。

3. 经济更新

积极的更新手段需要从内部或者从外部创造增长。当提高历史建筑的物质质量变得重要的时候，还必须认识到伴随而来的有目的利用的必要性。在更新传统居住区的时候必须考虑对改善过的建筑的利用。物质更新仅仅是一个手段，在短时间内能提高该地区的活力，但要长期维持，则需要经济更新，没有经济环境的改善，物质的改善难以长久维持。因此，传统居住区必须进行有目的的更新，才能为翻新和维护这些建筑提供所需的持续的资金。也就是说，在市场经济下，基于经济价值的理由是最根本和最有效的。

传统住区的更新不应仅停留于物质层面，单靠硬性指标评定单体建筑的保留价值，而应更注重非物质环境的建设，致力于对住区人文环境的建设和传统居住文化的保护与再利用。通过合理保留和延续住区潜在的情感，将住区的历史统一于现代社会之中，这样才能重塑住区精神，赋予传统住区新的生命。

第四节 传统居住区对现代居住区的借鉴

传统住区的建造，无论设计、选址、造型，还是布局、结构、装饰都十分强调人与环境的协调共融，强调人不能离开自然环境生存，人只能适应、择优利用自然环境建造民宅，体现了"天人合一"的核心思想。传统住区对现代住区有着多方面的借鉴意义，简介如下：

一、设计考虑生态容量

为了合理利用和分配土地，首先确定水圳、水口、宗祠、社坛等公共建筑需要的用地，保留足够的耕地，然后把不宜耕种的坡台地作为宅基地，强调"居室地不能敞，唯寝与楼耳"。现今的规划要充分利用有限的资源满足人们的居住和心理需求，注重环境和资源容量，保持适度的聚居规模，以利于区域人口的稳定繁衍，减轻对自然资源的压力。

二、选址在山水之间

传统住区选址大都利用天然地形，选择建在山谷内相对开阔的阳坡上或在山侧南向缓坡上，依山傍水、枕山环水、背山面水。这种格局利于形成相对封闭的区域居住环境，既可以使居住区域避开风沙的侵扰和寒冷潮湿气流的侵蚀，又可以获得充沛的自然日照和开阔的视野，使居民形成安全稳定的居住心理。现代居住区规划选址可借鉴这种选址理念，充分利用自然环境，营造适宜的居住外环境。

三、造型师法自然

传统住区规划体现了结合自然的观念，一些仿生形式的规划体现了中国传统的"天人感应"的自然观。现今规划可大胆地借鉴这种自然观，通过在方向、节令、风向和星宿等方面的运用，赋予自然环境和聚落一定的人文意义，使居住者获得良好的居住心理。

四、布局紧凑

传统住区的布局为中轴对称，面阔三间，两层多进，中为厅堂，两侧为室，厅堂前方称天井。一些大的家族，随着子孙繁衍，房子就一进一进地套建，一进一进地向纵深方向发展，形成二进堂、三进堂、四进堂甚至五进堂。后进高于前进，一堂高于一堂，有利于形成穿堂风，加强室内空气流通。紧凑的布局有利于节约能源消耗，实现可持续发展。因此，现今的规划要有意识地运用"紧凑城市"的思想，实现集约化发展。

五、结构简单

传统民居的结构大多是砖墙和木梁架的组合，墙不承重，柱基础简单，能够适应山地、丘陵、河岸等地形。建筑材料用当地盛产的竹木和砖石。现今的建筑设计应以自然化、乡土化、生态化为指导原则，不断优化结构设计形式，多采用本土材料，突出建筑的地域风格。

六、装饰色调素雅

传统民居在外观上给人的第一印象就是黛瓦、粉壁、黑墙边。建筑多以砖、木、石为材料，无论普通民宅、富豪大院，还是官府门第乃至祠堂、庙宇、亭阁，都一概采用小青瓦、青石、麻石等材料，处处显现出质朴的自然美。色调除对视觉产生影响外，还直接影响人的情绪与心理。科学的用色有利于人的身心健康，既能满足功能要求，又能获得美的效果。现今的规划在建筑、园林的色调处理上，应首先确定一个主色调，主色调确定以后再考虑与其他色彩的协调。

传统住区给规划设计工作者们众多启示：设计要"师法自然，顺应自然"，规划设计应与空间环境协调统一，与当地独特的地质特点和气候特征相适应，符合地形变化和环境色彩变化。要设计适宜的尺度，营造亲切的空间氛围，拉近人与人、人与自然的关系，最大限度地尊重人的心理，满足人的需求。

思考题

1. 以你的家乡或者熟悉的地方为例，简单介绍传统住区如何在规划布局中适应气候。

第六章 传统居住区的可持续发展研究

2. 简述传统住区对现代住区主要有哪些方面的借鉴意义。
3. 请解释传统住区的可持续更新的含义。
4. 传统住区主要面临哪些问题？
5. 请简述湖南传统民居中的院落和天井对于气候调节的作用。

参考文献

[1] 刘先觉. 现代建筑理论 [M]. 北京：中国建筑工业出版社，2003.

[2] 布赖恩·爱德华兹. 可持续性建筑 [M]. 北京：中国建筑工业出版社，2003.

[3] 江亿 等. 住宅节能 [M]. 北京：中国建筑工业出版社，2006.

[4] 阿尔温德·克里尚等. 建筑节能设计手册——气候与建筑 [M]. 北京：中国建筑工业出版社，2005.

[5] 邹明生. 新农村建设中传统民居的保护与可持续发展. 住宅科技，2008.15(2)：62～65.

[6] 马航. 中国传统村落的延续及演变——传统聚居规划再思考. 城市规划学刊，2006.161(1)：102～105.

[7] 谭良斌，周伟，刘加平. 传统民居聚落的生态再生和规划研究. 规划师，2005.21(110)：22～24.

[8] 刘新德，伍国正. 传统民居保护和研究的价值分析-以湘南永州地区传统民居为例，2008.119(5)：116～118.

[9] 申秀英，刘沛林，邓运员，王良健. 中国南方传统聚落景观区划及其利用价值. 地理研究，2006.25(3)：485～489.

[10] 陈飞. 建筑与气候-夏热冬冷地区建筑风环境研究. 博士学位论文，上海：同济大学，2007：63～65.

[11] 胡锦涛. 2004 年中央经济工作会议上的讲话. http：//news. xinhuanet. com/fortune/2004-12/05/content_2297061. htm, 2004-12-05.

[12] 夏伟，居住区设计规划阶段的生态策略研究，建筑学报，2007.4：25～28.

[13] 冯力，桑振群，高健. 夏热冬冷地区传统建筑气候缓冲空间设计. 四川建筑，2008.28(4)：65，75.

[14] Jie Han, Wei Yang, Jin Zhou, Guoqiang Zhang, Quan Zhang, Demetrios J. Moschandreas A Comparative Analysis of Urban and Rural Residential Thermal Comfort Under Natural Ventilation Environment. Energy and Buildings, 2009.41(2)：139～145.

[15] Guerrero I, Cañas, Ocaña S, Martin, Requena I, González. Thermal-physical Aspects of Materials Used for the Construction of Rural Buildings in Soria(Spain). Construction and Building Materials, 2005.19(3)：197～211.

[16] Hernández J, García L, Ayuga F. Integration Methodologies for Visual Impact Assessment of Rural Buildings by Geographic Information Systems. Biosystems Engineering, 2006.88(2)：255～263.

[17] Claire Smith, Geoff Levermore. Designing Urban Spaces and Buildings to Improve Sustainability and Quality of Life in a Warmer World. Energy Policy, 2008.36(12)：4558～4562.

[18] A. Stockdale, A. Barker. Sustainability and the Multifunctional Landscape：An Assessment of Approaches to Planning and Management in the Cairngorms National Park. Land Use Policy, 2009.26：479～492.

[19] K. Larsen, U. Gunnarsson, O. stling. Climate Change Scenarios and Citizen-participation：Miti-

gation and Adaptation Perspectives in Constructing Sustainable Futures. Habitat International, 2008. 3: 1~7.
[20] 吴良镛. 人居环境科学导论(M). 北京：中国建筑工业出版社，2001.5: 34~72.
[21] Polat H, Eylem, Olgun Metin. Analysis of the Rural Dwellings at New Residential Areas in The Southeastern Anatolia. Turkey. Building and Environment, 2004. 39(12): 1505~1515.
[22] J. L. B. Agustin, R. D. Lopez. Economic and Environment Analysis of Grid Connected Photovoltaic Systems in Spain. Renewable Energy, 2006. 31: 1107~1128.
[23] Rania Bou Kheir, Chadi Abdallah, Micael Runnstrom, Ulrik Martensson. Designing Erosion Management Plans in Lebanon Using Remote Sensing, GIS and Decision-tree Modeling. Landscape and Urban Planning, 2008. 88(2-4): 54~63.

第七章 可持续居住区案例分析

一、北京北潞春小区

1. 项目概况

地点：北京市房山区良乡卫星城

规模：用地 14.46hm^2，建有 30 栋多层住宅、配套公建和中水站、垃圾站、消防站等环保型站点，可容纳居民 1450 户

业主：北京市房山区房地产开发集团公司

建筑设计：北京金田建筑设计有限公司

时间：1996 年 4 月 1 日开始施工，1999 年 12 月 31 日建成

面积：建筑面积 16.63 万 m^2

类型：城市型生态社区

图 7-1　住宅外观

2. 核心技术特点

（1）有关生物与气候的特点

紧凑的形体；附加的保温隔热层。

（2）材料与结构

采用了 6 种结构体系；复合式屋顶、墙体；以聚苯板、水泥聚苯板及陶粒空心砖为主要隔热材料；双层玻璃塑钢门窗；节能户门；青石板屋面瓦、勒脚及平台铺地。

图 7-2　小区平台绿化

图 7-3　住宅立面

（3）技术特点

中水处理、利用；垃圾焚烧处理；采用分户设置的采暖、生活热水一体的燃气炉。

（4）能耗

建筑节能50%。

3. 可持续规划与建设

北潞春小区是我国首座全方位的绿色生态小区，小区建设中因地制宜，采取了一系列节能、节地、节水、治污、绿化、安全措施，在生态小区建设方面做出了许多有益尝试。

（1）节能

1）提高围护结构的热工性能，墙面、屋顶均为复合式，以聚苯板、水泥聚苯板及陶粒空心砖为主要保温隔热材料；外门窗为双层玻璃塑钢门窗及节能户门；屋顶增加透气层，降低夏季顶层室温，减少空调能耗。

2）采用分户设置的采暖、生活热水一体的燃气炉，促使住户主动节能。回访时，住户对于可以自己调节室温和节省耗能开支都很满意。

3）以当地开采的无污染的青石板作为屋面瓦、勒脚及平台铺地，共6万m^2，节省建材生产能耗，降低建安成本。

（2）节地

北潞春小区建设节地着眼于两个方面：一方面在规划设计中合理布局，充分发挥土地效益，另一方面在竖向设计及结构设计中加大科技投入，尽量减少取土毁田的行为。

1）不填土垫地：小区坐落在洼地里，较四周道路低2m多，若填土找平的话，需毁地300多亩。为节地，小区建造了稍高于周边道路的架空平台作为通道，车从马路下坡道至自然地坪的车行道通达各组团，人行平台上通达各楼门，实现了人车分流。平台上加以绿化，为居民提供了安全的步行道、休闲及健身场所，平台下则为居民提供了近而方便的停车位。平台在关键部位有舒展的无障碍坡道，在每个组团设有楼梯，居民能安全方便地自平台下至各集中公共绿地和停车位。

2）进行墙体改革，不用黏土砖：小区共采用了6种结构体系，即全现浇钢筋混凝土结构、内浇外砌陶粒混凝土空心砖结构、以陶粒混凝土空心砖为填充墙的框架结构、小型混凝土空心砌块结构、异形柱结构及免拆模现浇节能墙结构，避免采用黏土砖，从而做到了不毁良田。

（3）节水

为了节水，北潞春小区建设了一套水循环系统。小区日产生活污水640t，全部由再生水站处理成中水。处理后产生的中水有6m水头，自再生水站输至消防水池，绿化、洗车、市政及消防等所需中水皆取自消防水池。水池内保持着恒定水位，略高于消防用水的需要，若有余则溢入人工湖。小区的雨水汇集后也流入人工湖，它是漏斗式的具有渗透结构的人工湖，基本清洁的中水和雨水经此回渗地下，可保护地下水位。

这一套节水系列工程实现了小区污水零排放和资源化，同时也给物业管理带来了一定经济效益。

（4）治污

小区建有垃圾处理站，采用了获国际环保展览会金奖的北京发景绿色环保工程有限公司开发的再燃式多用焚烧炉,该炉采用先进的悬浮燃烧技术使垃圾减量99%(超过了我国减量95%的目标),剩下的1%残余物是可以回撒土地的无害灰渣。燃烧产生的热能提供热水,供物业管理人员洗澡。燃烧产生的气体排放物经国家环保检测部门测定远低于国家限定值。

(5) 景观

小区注重绿化环境设计,集中公共绿地利用中水设置的水景吸引了居民停留交往,供人们观赏、游戏;绿地中布置的健身场地为人们提供了进行户外体育锻炼的空间。小区绿化依据各种植物的隔声、减噪作用及生态效应(如吸收CO_2释放O_2、抗SO_3、杀菌、滞尘、吸热及增湿等)对树种进行了选择、搭配和布置,从而有效提高了环境质量。

(6) 安全

小区的居住安全防范措施除目前已推行的防盗及呼救智能化系统外,还建设了不致因维修地下管网而断路的无障碍消防通道和便于清理的活水消防池,保障了消防设施的长期可靠性。

二、北京锋尚国际公寓

1. 项目概况

地点:北京市海淀区万柳居住区南部

规模:占地2.6hm^2,包括4栋18层塔楼、2栋8~9层板式小高层,会所、地下停车库等配套设施,容积率3.0

业主:北京锦绣大地房地产开发有限公司

规划设计:新加坡雅斯柏建筑设计事务所(刘太格)

建筑设计:北京威斯顿设计公司

园林设计:瑞典阿肯设计事务所——马可斯·奈夫(Markus Naef)

时间:2000年设计,2003年竣工

面积:总建筑面积约10万 m^2

施工:北京城建集团五公司,河北省第一建筑工程公司,北京建工集团有限责任公司

监理:北京京兴建设监理公司

图 7-4 住宅外观

图 7-5 住宅鸟瞰图

2. 核心技术特点

(1) 有关生物与气候的特点

附加的保温隔热层(100mm 厚苯板);密封的围护结构;金属镀膜 Low-E 中空玻璃;可调式外遮阳设施。

(2) 材料与结构

核心筒剪力墙承重结构体系;聚苯板外保温;铝合金窗框;覆层采用干挂砖幕墙。

(3) 技术特点

顶棚辐射采暖和制冷系统;全置换式新风系统;中央吸尘系统;后排水系统;中水处理、利用。

(4) 能耗(设计值)

《民用建筑节能设计标准(采暖居住建筑部分)》。

采暖、制冷:$12.4W/m^2$,$20.6W/m^2$。

3. 可持续规划与建设

(1) 节能

1) 锋尚国际公寓十分重视外围护结构的设计,外墙厚度做到了 500mm,100mm 厚的外墙聚苯板保温层深入地下 1.5m,300mm 厚的屋顶聚苯板保温层、金属镀膜 Low-E 中空玻璃,密封措施,可调式外遮阳设施等一系列被动式设计有效控制了建筑内部能耗。

2) 锋尚国际公寓采用了顶棚辐射采暖制冷系统,该系统通过预埋在每一层楼板中的均布聚丁烯(PB)盘管,依靠封闭循环低温水为冷/热媒(夏天送水温度为 20℃,冬天送水温度为 28℃),以冷/热辐射方式工作,自动调节室内温度。该系统高效节能、无气流感、温度均衡、无噪声,能让室内温度保持在人体最舒适的范围内(20~26℃)。

3) 锋尚国际公寓采用了"下送上回"的新风输送方式,经过统一空气净化和冷热处理后的新风由房间下部的送风口送出,形成一个新风湖沉在地面,人呼出的废热空气上升,经由厨房、卫生间的排风口排走。送风过程无明显风感,无噪声,无扬尘。新风系统中,冬季排出的较高温度的废气和从室外进来的新冷空气通过非混合式热交换器后,送入各个房间,可回收 60% 的热量,节省了制热费用(夏天同理)。

4) 锋尚国际公寓的厚外墙、密封双层玻璃窗和 200mm 厚楼板有效隔离了噪声。卫生间采用瑞士吉博力后排水管路系统,无漏水,不串味,静音排水无噪声。厨房水槽排水口处接有食品垃圾自动粉碎机,可以将丢弃的食品绞成碎末,顺下水道直接排入化粪池,以保持厨房清洁。公寓地下一层设有分类垃圾周转箱,对垃圾进行分类回收,避免二次污染。

(2) 节水

小区设置了中水处理系统,对洗浴用水进行回收处理,然后用于浇灌绿地、冲洗园区道路、洗车和补充人工湖蒸发掉的水分等,节约了水资源。

(3) 景观

锋尚国际公寓位于海淀区万柳工程的万柳居住区南部,周边是以北大、清华为首的教育文化区,以颐和园、圆明园为代表的风景名胜旅游区以及有"中国硅谷"之称的中关村科技文化区。

小区采用了围合式规划，在 2.6hm² 的用地范围内，规划出 6000m² 的中央绿地，其中辟出 2000m² 的人工湖，人工湖设计引入了湿地理念，对湖底和四周的土壤进行了特殊改良，湖的边缘与草地自然过渡，为社区居民创造了舒适的公共活动空间。绿地南北两侧板楼首层局部架空，扩大了中央绿地的外延。

机动车出入口设在小区主出入口两侧，车辆进入社区后即转入地下车库，实现人车分流。

三、北京当代万国城·MOMA

1. 项目概况

地点：北京市东城区香河园路 1 号

规模：用地 12.13hm²；拟建高层楼宇 19 栋，包括 17 栋高层住宅楼、2 栋写字楼以及会所、幼儿园、地下车库等配套设施；容积率 4.05

业主：北京当代鸿运房地产经营开发有限公司

规划设计：北京三磊建筑设计有限公司

建筑设计（MOMA）：迪特马·艾柏利

工程设计（MOMA）：凯勒技术有限公司

时间：2001 年 7 月开始施工，2006 年 8 月完成

面积：总建筑面积 66.33 万 m²；其中地上建筑面积 49.10 万 m²；地下建筑面积 17.23 万 m²；住宅建筑面积 47.57 万 m²

造价：350000 万元（估算）

2. 核心技术特点

（1）有关生物与气候的特点

紧凑的形体；附加的保温隔热层；密封的围护结构；金属镀膜 Low-E 中空玻璃；可调式外遮阳设施；使用无害的材料及装修；屋面绿化。

图 7-6 小区总平面

图 7-7 住宅外景图

(2) 材料与结构

核心筒剪力墙承重结构体系；聚苯板外保温；复合木地板；铝合金窗框；覆层采用干挂彩釉玻璃和紫铜窗套。

(3) 技术特点

顶棚辐射采暖和制冷系统；全置换式新风系统；中央吸尘系统；后排水系统；中水处理、利用；雨水收集、处理、利用。

(4) U-值（设计值）

外墙小于 $0.4W/m^2K$，屋顶不大于 $0.2W/m^2K$，玻璃小于 $2W/m^2K$。

(5) 能耗

比一般建筑节能 2/3。

(6) 隔声（设计值）

分户墙空气声隔声不小于 40dB，楼板撞击声隔声不大于 40dB。

3. 可持续规划与建设

(1) 节能

1) MOMA 十分重视外围护结构的设计，加厚的深入地下 1.5m 的外保温层、金属镀膜 Low-E 中空玻璃、密封措施、可调式外遮阳设施、屋面绿化等一系列被动式设计有效控制了建筑内部能耗。

2) 为了创造舒适、稳定的室内环境，MOMA 采用了顶棚辐射采暖和制冷系统，该系统的采暖和制冷管道隐藏在结构楼板里，夏天通冷水（20～22℃），冬天通热水（26～28℃），水温通过楼板以辐射的方式向室内释放或吸收热能，使室内温度始终保持在 20～26℃的舒适水平。与之相配套，建筑采用了全置换式新风系统，新风取自楼顶 80m 处的高空，经过过滤、冷凝、加热、调湿等处理后，从各房间底部的新风口以很低的速度（0.3m/s）和略低于室内的温度（18～20℃）送出，送出的新风形成一个新风湖沉在地面，经居住者和其他室内热荷载加热后缓慢上升，由设在厨房和卫生间的排气孔排出。

3) MOMA 的 410mm 厚外墙、密封双层玻璃窗、200mm 厚楼板有效隔离了噪声。建筑内部的管道集中在竖井内，它们在楼板中经过而不穿透，最大限度地减少了孔洞传声。

(2) 治污

1) 卫生间采用后排水管路系统，无漏水、不串味、无噪声。厨房水槽排水口处接有"休斯敦"食物垃圾处理器，有机食物垃圾采取自动粉碎处理，其他无机垃圾则采用袋装收集处理。

2) 小区设置了中水处理系统，对优质杂排水进行回收处理，然后用于浇灌绿地、冲洗园区道路、洗车和补充人工湖蒸发掉的水分等，节约了水资源。

(3) 噪声处理

1) 窗户采用了铝合金框和热量进易出难的金属镀膜 Low-E 玻璃，它的中空层由 6mm 加大到 12mm，中间填充导热系数极低的惰性气体——氩气；中空玻璃里设有隔条，隔条里充满硅胶分子筛，它能将水分抽出，保证氩气的干燥。玻璃的表面镀有金属层，能通过可见光而阻挡远红外线，并能隔绝紫外线辐射，起到了良好的隔热、隔声和保护健康的作用。

2) 建筑的外遮阳设施采用了隔热金属卷帘；楼板为混凝土楼板，内敷各种管道，上铺架空木龙骨和复合木地板；隔墙采用12mm的轻钢龙骨石膏板，内部填充防火隔声岩棉，隔声效果良好。

四、北京奥林匹克花园（一期）

1. 项目概况

地点：朝阳区东坝边缘住宅集团中区

规模：总用地 79.18hm²，其中一期开发用地约为 18hm²；住宅以 4.5 层的花园洋房为主；一期容积率为 0.9

业主：北京奥林匹克置业投资有限公司

建筑设计：中国建筑设计研究院

景观设计：北大土人景观设计公司

时间：2003 年 10 月竣工

面积：一期住宅总建筑面积 12.8 万 m²

施工：北京住总集团第三工程公司，田华建筑集体公司第七工程部

图 7-8 小区鸟瞰图

2. 核心技术特点

（1）有关生物与气候的特点

南北朝向；附加的保温隔热层；密封的围护结构；使用无害的材料及装修。

（2）材料与结构

短肢剪力墙结构体系；陶粒混凝土空心砌块填充墙；钢筋混凝土楼板；挤塑聚苯板外保温；断热喷塑铝合金中空玻璃门窗；黏土劈裂砖饰面。

（3）技术特点

分户壁挂炉独立供暖；户式中央空调；中水处理系统。

（4）U 值　　　　　　　　　GBJ 01—602—97

外墙 0.49W/m²K　　　　　　　1.07

屋顶 0.6W/m²K   0.6
窗户 3.0W/m²K（设计值）   3.0

（5）隔声（实测值）

分户墙空气声隔声，44dB；分室墙空气声隔声，30dB；外墙空气声隔声，37dB；户门空气声隔声，18dB；楼板撞击声隔声，62dB。

（6）住宅气密性能

175 楼 2 单元 201 室，当量缝隙面积 $C=0.99(cm^2/m^2)$，达到国家 3A 级标准（小于 $2.5cm^2/m^2$）。

（7）住宅采光性能

客厅：采光系数 0.25；北卧室：采光系数 0.22，达到国家 3A 级标准（不小于 1/6）。

3. 可持续规划与建设

（1）节能

外墙、分户墙和分室墙采用 190mm 厚的陶粒混凝土空心砌块砌筑，外墙采用 40mm 厚挤塑聚苯板外保温，外贴黏土劈裂砖。窗户采用断热喷塑铝合金中空玻璃窗，户门为 40mm 厚的密封式金属防盗门。密封的围护结构，外墙外保温，断热喷塑铝合金中空玻璃门窗，南北朝向，这些被动式举措控制了建筑内部能耗。住宅室内冬季采用壁挂式燃气炉加散热器系统分户供暖，夏季采用户式中央空调制冷，每户温、湿度可自我调节。住宅提供了整体厨、卫装修，进行了隐蔽、暗藏式管道设计，采用了 3.8～6 升/次的节水型卫生器具。小区庭院采用太阳能电池为公共部位照明供电，公共部位照明采用红外感应灯及触摸延时开关，利用 CBUS 系统进行照明强度的控制，从而有效降低照明能耗。

（2）节水

1）小区设有中水回用处理系统，生活污水经适当处理后，用于人工湖补水、绿化浇灌等用途。垃圾实行分类收集，统一处理。

2）社区内每个组团由 3～4 个院落组成，不同院落通过住宅的错落形成不同的空间形态，并通过组团绿化与奥林匹克大道相联系。

五、北京金地格林小镇

1. 项目概况

地点：北京经济技术开发区 18 号地块
规模：占地 24.56hm²；容积率 1.2
业主：北京金地远景房地产开发有限公司
建筑设计：中国建筑设计研究院、核工业部第二设计院
总体规划/景观设计：澳大利亚怡境师（HASSELL）
立面设计：荷兰 KCAP 公司
时间：2002 年 6 月至 2004 年 6 月现场施工
面积：总建筑面积 35.62 万 m²

2. 核心技术特点

（1）有关生物与气候的特点

南北朝向；附加的保温隔热层；密封的围护结构；使用无害的材料及装修。

(2) 材料与结构

砖混结构、短肢剪力墙结构；钢筋混凝土楼板；ZL胶粉聚苯颗粒保温材料外保温；断热铝合金中空玻璃窗；陶砖饰面。

图7-9 住宅外景图

图7-10 小区总平面图

(3) 技术特点

市政热源采暖，Townhouse另外采用了户式中央空调；中水处理系统；静音无机房电梯。

(4) U值

多层住宅外墙 $0.69W/m^2K$；小高层住宅外墙 $0.67W/m^2K$；屋顶 $0.59W/m^2K$。

(5) 隔声(实测值)

分户墙空气声隔声，52dB；分室墙空气声隔声，28dB；外墙空气声隔声，27dB；户门空气声隔声，23dB；楼板撞击声隔声，55～74dB。

(6) 住宅气密性能

175楼2单元201室，当量缝隙面积 $C=1.54(cm^2/m^2)$，达到国家3A级标准(小于$2.5cm^2/m^2$)。

(7) 住宅采光性能

卧室采光系数0.17，达到国家3A级标准(不小于1/6)。

金地格林小镇是一个以Townhouse、Rowhouse、多层和中高层共同组成的形式多样化的低密度住宅小区，它以独具特色的景观规划打造了闲适的北欧小镇风情。

3. 可持续规划与建设

密封的围护结构，外墙外保温，断热铝合金中空玻璃窗，南北朝向，这些被动式举措控制了建筑内部能耗。大面宽、小进深、大外窗，为住宅创造了良好的自然采光、通风条件，有利于照明、空调节能。小区采暖采用了市政热源，同时Townhouse使用了热泵冷暖型小型家用中央空调作为补充。

(1) 节水

小区设有中水回用处理系统，生活污水经适当处理后，用于冲厕、浇灌、洗车等用途。总面积 6000m² 的浅水水景可汇集大量雨水。小区除入口广场及主要道路以外，硬地铺装采用渗水性良好的地砖以加强雨水渗透。

图 7-11 多层住宅

图 7-12 小区景观

（2）景观

1）小区采用了线状景观规划方式，主要的景观节点沿着三条景观带呈线状分布，这三条线状景观带分别以阳光、水景、林荫大道为主题，大量采用成年高大树木，并且在小区内设计了约 6000m² 的浅水水景区域。通过这种规划方式，格林小镇创造出一种开放、沟通的景观，用景观将社区划分成互有关联的各个组团，加强了景观环境的共享性、近宅性，形成了独具特色的"景观街区"。小区对基地内既存植被（主要是杨树、柳树）进行了保留利用，共保留树木约 200 棵。

2）小区住宅户型设计采用了大面宽、小进深、大外窗，自然采光，通风条件优越；同时，尽量多地采用了退台设计，突出居住的个性空间并形成立体绿化。每户均有南向玻璃阳光室和开敞的一步阳台，日照充足。顶层户型家家有开敞的私家空中花园，底层户型家家有独立的花园小院，使人们充分亲近自然。

（3）噪声处理

小区采用了噪声很低的无机房电梯，对设置空调室外机的位置采用了相应的防震隔声措施。会所中央空调拟采用变频超低噪声型冷却塔。另外，为了有效降低卫生间管道的流水噪声，选用了能减缓水流速度的螺纹减噪管。

六、武汉蓝湾俊园

1. 项目概况

地点：武汉市武昌区临江大道 76 号

规模：用地 11.5hm²；包括 2 座高层住宅、17 座小高层住宅和会所、健身中心、半地下车库等配套设施，容积率 1.77

业主：武汉建工富强置业有限公司

建筑设计：国家住宅工程中心、武汉建筑设计院

工程设计：国家住宅工程中心、武汉建筑设计院

图 7-13 住宅外景

时间：2000年8月至2003年10月现场施工
面积：总建筑面积20.45万m^2，其中住宅部分面积20.15万m^2
施工：孝感杨店公司、新洲十一建公司、新洲民用公司、武建天地公司、武建一公司、黄陂八建公司等13家施工单位

2. 核心技术特点

（1）有关生物与气候的特点

住宅全部南北朝向，气流通畅；建筑相错布局，在体形上自然形成遮阳；体形系数控制在0.35以下；节能密闭窗。

（2）材料与结构

异形柱框架—剪力墙及异形柱框架结构体系；轻质砌块隔墙；内保温采用AJ建筑保温隔热材料；屋面平铺50mm聚苯乙烯保温板。

（3）技术特点

热力站利用工业蒸汽供暖；供暖分户热计量；变频调速供水设备；集中热水供应系统。

（4）U值

墙体1.412W/m^2K，屋顶0.735W/m^2K。

（5）能耗

22.8W/m^2。

（6）隔声

分户墙，空气声隔声：42dB；分室墙，空气声隔声：32dB；外墙，空气声隔声：42dB。

蓝湾俊园是目前武汉市惟一一个利用工业余热为居民冬季供暖且大面积供应热水的小区，它被列为全国住宅建筑节能示范小区。该项目积极支持高新技术和产品在基地的应用，为住宅建设提供了宝贵经验。

图7-14 高层住宅

图7-15 小区会所

3. 可持续规划与建设

（1）节能

武汉市夏季湿热，冬季阴冷，做好建筑节能十分必要。

1）小区内住宅全部采用南北朝向，内部气流通畅，与武汉地区夏季主导气流自然衔接，强化了夏季夜间通风。与此同时，整个住区以中心公共活动绿地空间为界，划

分为南北两个居住组团,建筑形态以"自由的曲线"形成了住区独特的区域标志。曲线形住宅围合成多种形态的生活院落,流畅的空间院落顺利地引导江面凉风,有利于夏季消暑,从而充分利用室外冷空气降温,减少空调运行时间和能耗,提高室内空气质量。同时,小区内建筑利用平面上的相错布局,在体形上自然形成遮阳,遮挡夏日的东西日晒,并与建筑间的绿化树木一起,构成阻挡冬季北风的屏障。

2) 小区建筑的体形系数控制在 0.35 以下,窗墙面积比为 0.3~0.5,采用外墙内保温(AJ 保温材料)和节能密闭窗,屋面平铺聚苯乙烯保温板,建筑耗热量指标达到了 22.8W/m² (根据武汉地区节能标准,建筑能耗应小于 30.5W/m²),远低于不采取保温措施时的建筑能耗 42.2W/m²。

图 7-16 住宅外景

3) 小区内自建热力站,利用工业蒸汽为居民冬季供暖。户内采暖采用分户计量系统,用户可自主调节用热,避免浪费。此外,小区还利用市政热源设置了集中热水供应系统,提高了居民生活品质。

(2) 景观

小区面临长江,规划采用从低到高面向长江的台阶式的布局手法,不仅将江面的凉风引入住区,调剂住区的小气候,又能让尽可能多的住户观望长江景色,把长江美景引入住区,形成得天独厚的天然水景。规划将基地内原国棉六厂的市级重点文物"百年钟楼"原地保留,整修后作为小区会所,配以广场形成小区中心。规划将历史与现实成功地结合在一起。小区采用保留原生树木,移植原生树木,小区处处见大树,与天然的长江水景和"百年钟楼"匹配得十分自然和谐。小区绿地空间既宽阔又内聚,其间穿插以带状绿化和景观节点,形成丰富多变的视觉感受。

七、常熟琴枫苑

1. 项目概况

地点:常熟市新城区北部
规模:用地 15.61hm²
建筑设计:常熟市建筑设计院
时间:2000 年开始设计,2001 年竣工
面积:110192m²
施工:常熟市泰盛房地产有限公司

第七章 可持续居住区案例分析

图 7-17 小区鸟瞰图

2. 核心技术特点

(1) 有关生物与气候的特点

高于国家标准的建筑间距保证了住宅的采光、通风；绿化环境的保证；空气、噪声环境质量的保证。

(2) 材料与结构

均为多层住宅，采用异形柱结构，空心砖填充。

(3) 技术特点

多层住宅分用式太阳能热水系统提供生活热水；PP-R 给水管直接供饮用水。

3. 可持续规划与建设

(1) 节能

常熟"琴枫苑"小区住宅设计中结合市场需求，开发了多层住宅集中分用式太阳能热水系统，在围护结构上选用新型的隔热保温材料，以达到整体住宅的节能效果，做到节能、建筑一体化，既维持了小区优美的环境，又让全体住户均能用上太阳能热水器，享受清洁能源。太阳能热水系统由太阳能热水器、安装平台、管道井、管路系统、智能型控制器及电路系统组成，琴枫苑住宅小区已经安装了 500 多套。由于其构造简单，维护经济安全，整个系统设计精巧，运行可靠，配置经济。

根据当地气候特色，住宅均为南向或南偏东布置。间距最小为 1∶1.3，保证了住宅的采光、通风要求。

(2) 治污

设置小区垃圾中转站及各组团垃圾收集点。

(3) 景观

分别形成中心绿地(面)，组团绿地、院落空间绿地(点)，自然水渠、城市绿带、宅间绿地(线)三级立体绿化体系。充分利用架空层形成景观相互通透、步移景异的四季如春的空间效果。住宅群的布置都有很好的朝向,充分利用日光,最大限度地利用自然通风,构成的庭院能创造一种和睦又熟悉的家园氛围,漫步其中,使人能享受到浓厚的自然景色和理想的生活空间。

此外,琴枫苑规划设计根据各地多年来的小区规划与建设所积累的丰富经验,采用了小区—组团两级的"中心型"结构模式,围绕中心绿化,合理组织各个居住组团,形成不同领域的各自属性和室内外空间,形成由外向内、由动到静、由公共向私密逐渐过渡的三层空间序列组合。

(4) 安全

小区内饮用水采用 PP-R 给水管直接供水,保证饮用水质量,保证了饮水安全。太阳能热水系统一改过去的手工操作为现在的自动化运行控制。系统设有接地装置,配置了短路保护、漏电保护装置,确保系统的安全运行。

小区设立大的开口,保证夏季主导风(东南风)的引入,有利于住宅的通风。利用城市 30m 绿化隔离带建小汽车库,种植高大繁密植物,组成立体绿化,减少三环路交通噪声及灰尘对小区的干扰,同时又阻挡了冬季西北风对小区的影响。

八、重庆天奇花园

1. 项目概况

地点:重庆市北碚区"七一桥"东侧

规模:占地 22000m^2,容积率 1.61,建筑密度 27%,绿化覆盖率 36%,共 221 户,180 个停车位

2. 核心技术特点

(1) 有关生物与气候的特点

小区建筑全部南北朝向,呈线状局部锯齿形布置,重视组织夏季夜间气流,强化夜间通风;建筑物东西紧靠,相互遮阳;各种套型住宅的建筑物体形系数为 0.27~0.32;不同套型的窗墙面积比为 0.28~0.35,采用单框双层玻璃塑钢窗。

(2) 材料与结构

均为多层住宅,采用砖混结构,墙体采用 KP1 型承重多孔页岩砖加 20mm 厚保温砂浆,隔墙采用脱硫石膏砌块。

(3) 技术特点

采用当地 KP1 型承重多孔页岩砖的保温墙体;采用单框双层玻璃塑钢窗;采用蓄水覆土种植屋面;节能型热泵空调器。

(4) 能耗

总用电量为 35.41kWh/m^2,节能 50%。

3. 可持续规划建设

(1) 节能

1) 天奇花园充分利用了当地气候、环境资源,采取屋面、墙面、阳台、地面立体绿化,造成良好的小区微气候。室内采取了有组织的、新颖的通风换气方式,改善了室内空气质量与热环境。

2) 小区内建筑物南北间距宽阔，利于自然采光和冬季日照。小区内气流顺畅，并与嘉陵江——缙云山局地气流自然衔接；室内通风气流与小区内气流相环接，从而使环境气流、小区气流和建筑换气气流合理组织，避免局部涡旋或滞流区造成空气质量恶劣和夏季热量滞积。重视组织夏季夜间气流，强化夜间通风，利用室外冷空气降温，以减少空调运行能耗，并提高室内空气质量。

3) 小区建筑全部南北朝向呈线状局部锯齿形布置，重视组织夏季夜间气流，强化夜间通风。小区内建筑物东西紧靠，以便相互利用，作为遮阳，遮挡夏季的东、西日晒，减少空调负荷，并且和建筑物间的绿化树木一起，构成阻挡冬季北风的屏障。

小区建筑的体形系数控制在 0.27～0.32 之间，窗墙面积比为 0.28～0.35，采用外墙内保温（外部为 KP1 型承重多孔页岩砖，内抹保温砂浆）和单框双层玻璃塑钢窗，屋面为蓄水覆土种植屋面，再采用节能型热泵空调器。

4) 天奇花园小区采用上述节能措施后，由外围护结构传热引起的全年空调采暖用电量为 $14.8kWh/m^2$，再加上空调除湿的新风用电量 $7.10kWh/m^2$，采暖新风用电量 $13.48kWh/m^2$，总用电量为 $35.41kWh/m^2$，低于《重庆市民用建筑热环境与节能设计标准》DB 50/5009—1999 限制指标 $38kWh/m^2$，达到了节能目标。

（2）景观

天奇花园的环境设计中注重对环境节能功能的发掘，创造对节能有利的微气候条件。具体措施有：1) 增加绿化种植面积，考虑地面绿化、屋顶绿化、墙面垂直绿化与阳台绿化的整体结合，可有效调节环境温度。2) 减少硬质铺地，采用生态铺地设计，使场地具有可"呼吸"的特点。3) 采用高大落叶乔木（当地产黄桷树）遮挡阳光辐射和疏导通风。

（3）安全

六大科技智能系统：防盗报警系统、闭路电视监控系统、火灾自动报警系统、楼宇对讲系统、水电气三表远程计费系统、停车场智能管理系统。

九、杭州江南春城·白云深处生态住宅区

1. 项目概况

地点：杭州城西 02 省道两侧的余杭镇、闲林镇

规模：占地 $53.3hm^2$，建筑密度 16.9%，容积率 0.37，绿地率 63%。共 516 户，含大型会馆一座，幼儿园一所

业主：金成房地产集团有限公司

建筑设计：杭州振兴建筑设计有限公司

景观设计：美国 XWHO 景观公司

时间：2000 年 12 月竣工

面积：建筑面积 $143200m^2$，其中住宅面积 $135400m^2$，公建面积 $7800m^2$

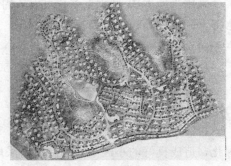

图 7-18 居住区总平面

施工：杭州金成建设集团有限公司

2. 核心技术特点

（1）有关生物与气候的特点

住宅建筑选在向阳地段；利用建筑的布局，形成优化微气候的良好界面，建立气候防护单元；体形系数小，而且冬日辐射热多，避风有利；双层玻璃塑钢窗。

（2）材料与结构

均为多层住宅，采用砖混结构；外墙采用多孔黏土砖，西墙采用 GRS 板复合，固定在基层墙体内侧；屋面的防水层上，设挤塑聚苯板作保温隔热层，上铺混凝土。

（3）技术特点

保温墙体、屋面；双层玻璃塑钢窗；太阳能集中供应热水系统；污水处理，中水收集系统，太阳能草坪灯。

（4）能耗

太阳能热水器和太阳能草坪灯两种形式，其使用量达到社区总能耗的 10%（折合成电能计算）；墙体、门窗、屋顶等节能技术可节能 10%。

3. 可持续规划与建设

（1）节能

1）改进设计方法

住宅为别墅建筑，选在向阳地段，以最佳的建筑朝向、间距争取更多的日照。

建筑布局。利用建筑的布局，形成优化微气候的良好界面，建立气候防护单元，以达到节能目的。

建筑形态。节能建筑的形态不仅要求体形系数小，而且需要冬日辐射热多、避风有利。因此，在选择节能体形时综合考虑了冬季气温、日辐射强度、建筑朝向、各面围护结构保温状况、局部风环境等因素的影响，经优化组合各因素后才确定。

建筑朝向。朝向选择因素如下：冬季保证适量并有一定量的阳光射入室内；炎热季节尽量减少太阳直射室内；夏季有良好通风，冬季避开冷风，充分利用地形，节约用地，考虑建筑组合的因素。

2）改善建筑物的隔热保温性能

天奇花园从外墙、门窗、屋顶三个方面采取保温隔热措施，以达到节能的目的。

外墙采用多孔黏土砖，西墙采用 GRS 板复合，固定在基层墙体内侧，以节能和提高室内舒适度。

门窗的保温隔热能力主要采取如下措施：

a. 改善窗的保温效果。采用双层玻璃塑钢窗，在内外层玻璃之间形成密闭的空气层，可大大改善窗的保温性能。

b. 提高门窗的气密度。对门窗加设密封条，以提高门窗气密性。据测算，仅此一项可降低采暖能耗的 10%～15%。

c. 加强户门、阳台门的保温。使用填充保温材料并兼有防盗防火功能的户门、阳台门。

屋顶节能技术。

第七章 可持续居住区案例分析

坡面的防水层上，设挤塑聚苯板作保温隔热层，上铺混凝土。

3) 太阳能集中供应热水系统

杭州有良好的太阳能资源，全年平均日照约1375小时。因此，利用太阳能实现集中供应热水是小区生态建设的一个亮点。小区共建设太阳能集热面积达3000m^2，人均可供应热水量60L/人·天，节能(折合电能计算)5kWh，创造效益1000元/年·户。

4) 太阳能草坪灯

(2) 节水

从优化整个社区水环境系统的角度，系统全面地设计环境系统的供给、收集、处理和回用，最终达到国家生态小区有关水环境系统的要求：全截流生活污水，经化粪池处理后引入污水处理系统；地面雨水、屋面雨水收集后全部收入中水处理系统；经处理后中水水质达到《住房和城乡建设部杂用水水质标准》及《景观娱乐用水标准》；中水回用于小区的绿化、洗车、路面喷洒及其他公共杂用水。

(3) 治污

废弃物管理与处置主要是对小区居民日常生活所产生的生活垃圾进行收集、管理、储存与处置等，使生活垃圾收集率达到100%，分类率达到70%，回收利用率达到50%。主要措施有：

1) 生活垃圾全部实行袋装，特种垃圾(无机物)和生活垃圾分类收集，分为有害物(药剂、药品、干电池、酸碱液、有机溶剂、日光灯管等)、难降解垃圾(塑料、金属、木石等)和厨房有机垃圾(剩饭、菜叶等)三类。特种垃圾收集设有明显标志，有害垃圾用作专项处理，难降解垃圾可由城市环卫部门处理。对小区内的绿地落叶等垃圾采用厌氧堆肥的方法进行处理，腐热的肥料作为盆栽花卉植物用腐殖土及花草培养肥料，其余的送区外作为农林用肥。

2) 小区内居民的大件垃圾如水箱、电视、家具进行有计划的收集和处理。

3) 设置垃圾收集间(垃圾房)，分类收集、储存居民生活垃圾，以利外运。

(4) 景观绿化

江南春城·白云深处生态住宅区的绿化系统建设内容包括：软质的植物、水体、地形和硬质的园路、园林小品以及游憩设施等。绿化系统具有提高与改善小区的生态环境质量，为居民提供良好的户外休憩场所的重要作用，主要表现为：

1) 生态环境功能

小区绿地是居住区中惟一具有光合作用的绿色再生机制部分，是居住区的"呼吸空间"，具有清洁空气、增加湿度、降低环境温度、释放氧气、保持水土、保持生物多样性等众多环境及生态功能。

2) 游憩使用功能

居住区绿地是居民特别是老年人与儿童进行户外活动和交往的重要场所，"白云深处"生态住宅区力求为居民创造一个卫生整洁、方便适用、坚固安全、景色优美、活动设施齐全、与居民生活最为贴近的户外休憩漫步环境。

3) 景观文化功能

江南春城·白云深处生态住宅区的绿地率达到63%，集中绿地中的绿化用地面积不小于 70%,另外还有未计入其内的约 2hm² 水面,约 20hm² 的自然山林,这些使得整个小区犹如一个巨大的氧吧,为居住者提供了十分宜人的居住空间。

十、南京万科金色家园

1. 项目概况

地点:南京莫愁湖东侧

规模:占地面积 59543m²,车库为地下车库,停车率 50%

业主:南京万科置业有限公司

建筑设计:澳大利亚伍兹贝格公司,南京民用建筑设计院

景观设计:香港贝尔高林公司

时间:一期已于 2003 年顺利入住完毕,二、三期在建,三期部分在售

面积:住宅建筑面积 14.44 万 m²,商业 1473m²,会所 1200m²,幼儿园约 2000m²

施工:南通三建公司、南通四建公司

2004 南京最佳人居环境小区奖

图 7-19 住宅外观

2. 核心技术特点

(1) 有关生物与气候的特点

最佳的观湖角度是西北向,因此在住宅内部设计中,让西、北向的房间获得最美丽的湖景,同时采取各种形式的遮阳,降低住宅能耗。

(2) 材料与结构

高层住宅,采用框架剪力墙。

(3) 技术特点

自遮阳与挡板式遮阳结合使用。

3. 可持续规划与建设

(1) 节能

南京的气候属于亚热带湿润气候,夏天较热。为了既获取有利的景观,同时也解决节能和通风问题,最终将技术定位在遮阳方面。

遮阳形式以专项研究报告的结论为基础,经过反复模拟分析,并考虑到挑出过大的阳台可能影响到客厅的正常采光以及无法满足冬季的日照要求,对阳台进行了调整:1)西南向阳台设计成挑出较远的水平大阳台,挑出约 2.3m,实现"自遮阳",同时成为主要观赏莫愁湖景致及休闲的阳台;2)作为次要的观景阳台,西北向的阳台进深减小,调整为挑出 1m;3)在西北向采取三滑轨铝合金推拉百叶与混凝土扁柱形成的挡板式遮阳来达到西向遮阳的效果。

综合考虑了立面景观协调、观景视野、后期维护等因素后,住宅在推拉百叶的设计上采用了以下技术措施:粉末喷涂铝合金材料,三滑轨,铝合金百叶可调角度,具

第七章 可持续居住区案例分析

有防脱落措施、防撞设施，便于安装和拆卸，满足安全需要等。其中，采用了三滑轨形式后，单扇推拉百叶的宽度为1m，高度2.5m，即使在可旋转百叶成90°时，三扇推拉百叶也能够处于重叠状态。

（2）景观

多层次的景观设计——沿湖景观区，观湖平台，梯间花园，体现湖边的环境设计倾向。住宅内部设计中，让西、北向的房间获得最美丽的湖景，1.8m宽的阳台，转角落地玻璃，7.1m宽的厅，180°弧形落地玻璃，南向的房间则拥有最充足的日照，南北各得其利，优势互补。除此之外，所有主要房间都可以欣赏到园区内的景观，感受自然之外的人文。

住宅用色以浅黄和暖灰为主，格调鲜明亮丽；大量运用凸窗，使得建筑的层次进一步丰富。阳台栏杆、空调百叶和墙面条纹，组成建筑外观中绵绵不绝的肌理，跳跃呼应于建筑的周身上下。门窗的划分疏密有致，对内有使用、观景的便利，对外增加了建筑韵律。住宅底部架空，既构成有亲和力的活动场所，又将各个室外场地连成一体。平台花园在车库上，建筑架空层与平台花园形成连续空间。建筑形象现代感强，色彩鲜明，有精美的细节和挺拔高贵的气质，玻璃的阳台栏杆，大面积的窗户，优美的飘架和精致的架空层墙柱体现了建筑的高品质。每一户朝向湖面，并有良好的采光、通风，并具有科学的布局。

十一、伦敦"贝丁顿生态村"

1. 项目概况

地点：伦敦南部萨顿区贝丁顿地区

规模：整个小区占地1hm²，共有99套住宅，1405m²的办公区以及一个展览中心、一家幼儿园、一家社区俱乐部和一个足球场，生态村共有居民210人，工作人员60人

业主：伦敦最大的非营利性福利住宅联合会Peabody信托开发组织和环境评估专业公司生态区域开发集团

建筑设计：英国著名生态建筑师比尔·敦斯特

环境顾问：生态区域开发集团

时间：2000年动工，2002年建成

类型：城市生态村

图7-20 太阳村外景

2. 核心技术特点

（1）有关生物与气候的特点

附加导热材料；密封的围护结构；三层真空玻璃。

（2）材料与结构

混凝土结构；混凝土空心砌块、石砖和岩棉三种材料复合作为外墙材料。

(3) 技术特点

循环热能使用系统，导热材料的墙壁，雨水收集系统，中水处理系统，节水装置，植被屋面和利用废木头发电并制造热水。

3. 可持续规划与建设

(1) 节能

1) 英国为高纬度岛国，冬季寒冷漫长，有半年时间都为采暖期。为了减少采暖对能源的消耗，设计师精心选择建筑材料并巧妙地循环使用热能，基本实现了"零采暖"。生态村的所有住宅都朝南，为的是最大限度地从太阳光中吸收热量。每家每户都有一个玻璃阳光房，玻璃材料都是双层低辐射真空玻璃。夏天将阳光房的玻璃打开后就成为敞开式阳台，有利于散热，冬天关闭阳光房的玻璃可以充分保存从阳光中吸收的热量。此外，所有的办公室都朝北，这样可以避免办公室各种办公设备除了本身使用时产生的热量之外再额外吸收阳光导致过热，另外还可以避免阳光直射电脑屏幕对人的眼睛产生不良影响。办公室的玻璃材料为三层真空玻璃，可以最大限度地保存热量。

2) 住宅的墙壁是用导热材料建造的。这种导热材料在天热的时候储存能量，在天凉的时候释放热量。墙壁共分三层，外面的两层分别是150mm厚的混凝土空心砌块和150mm厚的石砖，中间夹着一块300mm厚的岩棉。混凝土空心砌块和石砖都具有高蓄热这一性能，它能把室内热量储存起来，保证室内温度不会有太大波动，再加上建筑门窗的气密性设计和混凝土结构，能够减缓热量散失的速度，具有良好的保温功能。同时，这些材料的绝热性还能够将居民做饭等日常活动所产生的热量保存起来，用于给房间加热。通过以上这些措施，居民家里不必再安装散热器，整个生态村也没有安装中央供暖系统。

3) 生态村所有住房和办公室都安装了低能耗灯具和节能设备，从而减少了用电量。有实验表明，即使一套住房里每间屋子都开一盏灯，总耗电量也只有120W。为了让居民和公司职员能够时刻了解对热量和电力的使用情况，所有办公室以及每家的厨房都安装了电表。

(2) 节水

1) 生态村除了安装有自来水管道外，还将雨水利用了起来，从而减少了自来水的使用量。比如，各家各户的马桶都是通过使用从屋顶收集的雨水来冲洗的。每栋房子的地下都安装有大型蓄水池，雨水通过过滤管道流到蓄水池后被储存起来。蓄水池与每家厕所相连，居民都是用储存的雨水冲洗马桶。冲洗后的废水经过生化处理后一部分用来灌溉生态村里的植物和草地，一部分重新流入蓄水池中，继续作为冲洗用水。所有马桶均采用控制冲水量的双冲按钮，能够做到节约用水。虽然居民其他方面的用水还主要来自自来水，但由于利用了雨水，自来水的消耗量降低了47%，生态村居民每月的水费因此比社会普遍水平要低很多。

2) 每户还安装了不少的节水装置。比如，生态村的节水喷头每分钟水流量为14L，而普通喷头为每分钟20L；节水龙头都有水流自动检测功能，其每分钟流水量为7L，而普通水龙头每分钟为20L；双冲马桶一次冲水量为2~4L，而普通马桶为

9.5L。据统计,英国人每人每天用水量约为150L,而在该生态村,由于安装了种种节水装置,居民每人每天的用水量降为92L,大大少于普通标准。

(3) 通风

生态村最引人注目的是房顶上一个个五颜六色随风摇摆的风帽,这也成为生态村的标志性景观。这是住宅楼的通风设备,所有风帽随着风向不断转动,源源不断地将新鲜空气输入每个房间,同时将室内空气排出。进来的空气被出去的空气加热,因此室内温度不会因为空气的流动而有所下降。

(4) 环保

1) 利用废木头发电并制造热水,木头是生物能源,属于可再生资源,燃烧木头不会对地球造成负担。木头燃烧时释放的二氧化碳又被成长的树木等量吸收,符合零温室气体排放原则,因此是一种零碳燃料。热电厂使用的都是些废木料,等于变废为宝。如果不对这些废木料加以利用,就被扔到垃圾填埋场了,是一种浪费。更重要的是,热电厂52%的废木料都取自方圆35英里(约为56km)以内的地区,这样做可以减少因长距离货运对空气产生的污染。据统计,这一做法一年可以少排放120吨的二氧化碳。

2) "贝丁顿生态村"为降低交通对能源的消耗,实行了一项"绿色交通计划",旨在提倡步行、骑车和使用公共交通,减少对私家车的依赖,这使得该村私家车行驶里程数比当地平均水平低了50%。主要通过三种途径:a. 减少居民出行需要;b. 推行公共交通;c. 提倡合用或租赁汽车。

(5) 景观

生态村里每一户都有一个私家花园,这在高密度的住宅里非常少见。有的花园建在朝北办公室的房顶上,花园通过一个钢筋天桥与朝南住宅相连。

十二、瑞典马尔默市 Bo01 住宅示范区

1. 项目概况

地点:瑞典马尔默市西码头区

规模:项目占地 30hm², 可容纳 1000 户居民

业主:瑞典政府和马尔默市市政府

时间:2001 年施工,2005 年全部竣工

建筑形式:集合住宅,联排

面积:总体建筑面积 12m²

规划方式:高强度低密度节地型发展规划

类型:城市生态综合小区

2. 核心技术特点

(1) 材料与结构

空心砖墙及复合墙体技术,加厚的复合外墙外保温墙板,断桥式喷塑铝合金门窗,植被绿色屋顶。

(2) 技术特点

高效散热器(配以可调式温控阀),可调式通风系统。部分楼宇安装有可回收热量

的新风系统，太阳能光伏电池系统，地源热泵技术，雨水处理系统，节水器具等。

3. 可持续规划与发展

（1）节能

1）Bo01小区1000多户住宅单元100%依靠可再生能源，并已达到自给自足。能源供应上，100%利用当地的可再生能源，包括风能、太阳能、地热能、生物能等。

a. 风能：依靠风力发电——主要来自于小区以北3km处的一个2MW风力发电站（2001年7月建成，是瑞典最大的风力发电站，年生产能力估计可达630万kWh），能够满足Bo01小区所有住户的家庭用电、热泵及小区电力机车的用电。

b. 太阳能：用于发电和供热。在Bo01小区一栋楼顶安有约120m^2的太阳能光伏电池系统，年发电量估计为1.2万kWh，可满足5户住宅单元的年需电量。此外，还设有1400m^2的太阳能板（其中1200m^2为平板，200m^2为真空板），分别安装在8个楼宇，年产热能约525MWh，相当于375kWh/m^2·年，可满足小区15%的供热需求。

c. 地热资源：采用地源热泵技术，通过埋在地下土层的管线，把地下热量"取"出来，然后用少量电能使之升温，供室内散热器或提供生活热水等。据有关环保机构评估，地热泵能比电锅炉供热节省2/3的电能，比燃料锅炉节省1/2的能量，平均可节约用户30%~40%的供热费用。在Bo01住宅示范区，利用地源热泵技术，将地下90m井中约15℃的水，通过热交换器，分别达到67℃用于冬季供热（1.2~3.15MW的热泵可年产4000MWh以上的热能）和5℃用于夏季制冷（2.4MW的热泵可年产3000MWh）。另外，这些房子大多安装了温度传感器，它可以使供暖系统随时感知室内外的温度变化，自动调整锅炉或热泵的供热效率，避免浪费能源。以上措施可满足Bo01住宅示范区85%的供热需求。

d. 住宅区的生活垃圾和废弃物，通过马尔默市的市政处理站可以将生产的电力和热力回用于小区。

2）能源消耗：瑞典地处北欧，冬季漫长寒冷，夏季短暂而凉爽，因此，所有建筑物最主要的能源消耗就是取暖。建筑供暖能耗占瑞典全国总能耗的1/4，占建筑能耗的87%。Bo01住宅示范区能源的消耗主要集中在暖通空调和家庭用电方面，小部分用于驱动热泵、小区电瓶车的充电以及其他公共设施的运转。

a. 限制能耗：Bo01严格规定每户的能源使用/消耗（包括家庭用电、暖通空调）不能超过105kWh/m^2·年（2000年瑞典家庭平均能源使用/消耗水平为175kWh/m^2·年），在满足使用需要和保障舒适度的同时，体现了节约能源的原则。

b. 提高能效：Bo01采取多种措施，如"质量宪章"（Quality Charter），要求从楼面设计、建材选择以及户内电器的配套上都力求实现能源效率高，日常能耗少。此外，小区广泛推广植被绿色屋顶，可以有助于保温，减少能耗而且环保。

（2）节水

瑞典国土因为冰川纪的原因，使得国内湖泊众多，淡水资源丰富，所以在水利用方面更注重污水排放对生态环境的影响。Bo01住宅小区的做法包括：

1）给水排水系统：Bo01小区的给水排水系统与市政管网相连。

2）雨水处理系统：主要针对瑞典南部多雨的特点，将雨水排放系统设计为：雨水首先经过屋顶绿化系统过滤处理,补充绿化系统水分,其余雨水经过路面两侧开放式排水道汇集,经简单过滤处理后最终排入大海。考察中未见到雨水被再加工回用的例子。

3) 节水器具:住宅单元中普遍采用节水器具,例如两档甚至三档的节水马桶,部分单元还安装了节水龙头。

(3) 节材

1) 主要通过合理地规划、设计和采用先进的住宅建造技术,达到节约建筑材料的目的,如部分住宅楼采用钢结构体系。

2) 在小区招投标阶段,就提前公布建材选用指南,明确列出对环境和人体健康有害的材料清单,要求所有工程承包单位必须遵循。

3) 小区公共部分尽量应用使用寿命较长、可再生利用的材料(木材、石料等),并对未来可再用于铺设道路的底料加以考虑。

(4) 环保

1) 生物多样性保护:在项目开工之前,对那些曾在当地出现的物种进行妥善的移植和保护,并在项目后期进行景观设计时再移植回来。

2) 植被屋顶,主要的功能是调节降水——由于马尔默临近海洋,年降水较多,通过植被屋顶,可以使60%的年降水通过蒸发再参与到大气水循环,其余的水经过植被吸收后再进入雨水收集系统。此外,这样还有利于屋面的保温隔热,如一般屋顶的温度在冬季和夏季分别达到$-30℃$和$80℃$,但经过植被屋顶的调节,冬季和夏季的温度分别为$-5℃$和$25℃$。

3) 固体废弃物处理:

a. 生活垃圾的处理:Bo01的做法是按照3R原则,遵循分类、磨碎处理、再利用的程序。居民首先将生活垃圾分为食物类垃圾和其他类干燥垃圾,然后把分类后的垃圾通过小区内两个地下真空管道,连接到市政相应处理站。通常食物垃圾经过市政生物能反应器,可转化生成甲烷、二氧化碳和有机肥;其他类干燥垃圾经焚化产生热能和电能。据测算,垃圾发电可为住区每户居民提供290kWh/年的电量,足够满足每户公寓全年的正常照明用电。

b. 建筑垃圾的处理:Bo01小区将建筑工地的垃圾细分为17类,大大提高了垃圾回收利用的效率。此外,很多开发单位采用工厂预制的方式生产住宅建筑的部品,减少了现场的建筑垃圾量。

4) 污水处理:Bo01小区的污水通过市政管网并入市政污水处理系统。其中有两个厂房的功能值得一提:一个厂房负责将收集的污水进行发酵处理从而生产沼气(Biogas),经净化后可以达到天然气的品位;还有一个厂房的功能是对污水中磷等富营养化学物质进行回收再利用,如制造化肥,以减少其对生态系统的破坏。

5) 清洁能源:垃圾处理后的沼气发电可用于小区内电瓶机车的充电。

十三、Anningerblick 生态村

1. 项目概况

地点:奥地利 Guntramsdorf 市

规模：生态村共有140个住宅单位，分三个阶段建设：第一建设阶段有42个住宅单位；第二阶段有44个住宅单位及零售空间（计划）；第三阶段有54个住宅单位（计划），包括咖啡屋、社区礼堂和相应的公共设施

业主：当地政府，区域政府，经济部门

时间：第一建设阶段1992～1993年；第二建设阶段（计划）；第三建设阶段（计划）

类型：城市型生态村

2. 核心技术特点

（1）有关生物与气候的特点

南向的陡坡屋顶，并且附加一个1～2层的太阳能收集器。

（2）材料与结构

砖混结构体系。木材屋顶，用粒状和椰子状纤维隔声；绝缘石块墙体；墙体之间使用纤维绝缘材料，浴室和厨房则使用木质绝缘材料。

（3）技术特点

水净化系统；风车驱使的通风系统；家庭垃圾分类，制作堆肥的系统。

3. 可持续规划与建设

（1）节能

Anningerblick生态村十分重视围护墙体的设计，所有建筑都用砖砌成，墙体之间使用纤维绝缘材料，这样既能有效控制建筑内部的能耗，又起到了一定的保护作用。

生态村大多数建筑的房顶坡度较大，屋脊朝南，屋顶被设计成太阳能收集器的形式，大部分屋顶都有一个1～2层的太阳能收集器，利用太阳能为建筑本身提供能源，降低了对外界能源的依赖和消耗。

家庭将垃圾进行分类，分类后垃圾通过特定的堆肥制作系统，将垃圾处理成植物的肥料，这不但避免了垃圾的二次污染，同时也节省了种植的成本。

生态村的通风系统是由风车驱使的，利用天然的风能替代常规的电能，不仅能够降低电能的损耗，而且更加有利于环境的保护。

（2）节水

生态村设置了雨水收集器，利用雨水冲洗厕所，清洗机器和浇灌花园，同时又对整个小区设计了专门的净水系统，使得整个生态村的水资源能够得到重复的使用。

（3）交通

整个社区是一个步行区域，只有被允许的服务车辆才能进出社区。

十四、伊克鲁尼亚小区

1. 项目概况

地点：荷兰埃尔芬伊克鲁尼亚（Ecolonia，Alphen-aan-den-Rijn，Netherlands）

规模：101套住宅

建筑设计：吕西安·克罗工作室

时间：1993年竣工

类型：城市生态住宅小区

2. 核心技术特点

（1）有关生物与气候的特点

墙体加厚，增大南向窗户同时缩小北向窗户。

（2）材料与结构

耐久、隔热性能好的材料。

（3）技术特点

太阳能光电板，户型调整；雨水回收系统；低噪声加热/通风系统；地热，整体除尘系统，自然新风系统。

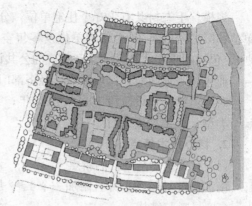

图 7-21　伊克鲁尼亚小区平面图

（4）能耗

与普通住宅相比，燃气消耗降低 40%，用水降低 20%，用电降低 10%。

3. 可持续规划与建设

作为国外七大生态住宅小区之一的伊克鲁尼亚小区，是荷兰第一个生态节能示范小区，该小区在节能、节水、防噪、除尘和通风等方面相对于其他生态小区都有所突破。

（1）节能

1）对建筑的外墙进行加厚处理，使用隔热性能好的材料，减少室内外的热量传递。增大南向窗户的大小，获取更多的自然光，同时缩小北向的窗户。

2）通过太阳能热水器，太阳能光电板和户型调整使得整个小区对于太阳能的利用达到最大化，这样便能将用电量节省到原来的 90%。

（2）节水

为了节水，小区里的住户使用低耗水量的马桶和淋浴设备，同时整个小区建立了一个雨水回收系统，收集的雨水经过一定的处理被用作植物灌溉和生活用水，用水将降低 20%。

（3）防噪、除尘和通风

建筑使用低噪声加热和通风系统，并且对卧室的门和窗作了特殊的防噪处理。小区使用整体除尘系统和自然通风系统。

（4）景观

小区的中央有一个人工的贮水湖，它是街道网络的焦点。在古老的欧洲城市里，步行、汽车、自行车和玩耍的儿童都能在街道上和平共处。贮水湖和周边的绿地促成了私人空间和公共空间之间的对话，使得整个小区有着更加迷人的环境和更加和谐的气氛。

十五、小金井环境共生集合住宅（Earth Village）

1. 项目概况

地点：日本东京都小金井市

规模：共有 43 户，每户面积约 70~90m²，总占地面积 3643m²

业主：特殊法人日本劳动者住宅协会
时间：1995年6月完工
面积：建筑面积 2966m²
类型：城市型生态社区

2. 核心技术特点

（1）有关生物与气候的特点

紧凑的形体；屋顶设置太阳能光电板；屋面绿化。

（2）材料与结构

双层玻璃塑钢门窗；以聚苯板、水泥聚苯板及陶粒空心砖为主要隔热材料。

（3）技术特点

雨水收集、利用；太阳能光电转换系统；风能、机械能转换系统；多层住宅分用式太阳能热水系统提供生活热水；采用蓄水覆土种植屋面。

3. 可持续规划与建设

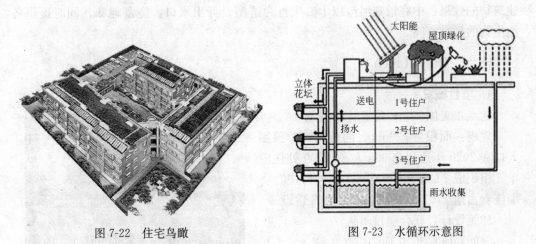

图 7-22　住宅鸟瞰　　　　　　图 7-23　水循环示意图

小金井环境共生住宅整体规划上包含了"人"、"住宅"、"水"、"风"、"太阳"、"植物"以及"地球"等相关因素的共生关系，充分利用了地球上既有的资源，其中设计主体充分利用了民众日常接触的太阳能、雨水及风能，提供住户与生活息息相关的浇灌用水、中庭照明用电、人工河流用水及热水来源。

（1）节能

1）提高围护结构的热工性能，墙面、屋顶均为复合式；外门窗为双层中空玻璃，气密性高，防结露。

2）社区建筑屋顶设置了43座太阳能热水器，为所有住户热水来源。同时在屋顶设置了太阳能光电板，所产生的电力可将一楼的雨水泵送至顶楼雨水储槽，并提供中庭路灯照明用电。

3）于中庭入口处设置一组风车，利用风能将雨水储槽的水转换为机械能，泵送至一楼中庭景观河流，并循环使用。除此之外，住户还可使用一组非耗能的手动式泵直接以机械方式将地下储槽中的雨水抽至顶楼使用。

第七章 可持续居住区案例分析

(2) 节水

1) 雨水储蓄利用方面,是利用约 600m² 的屋顶集水面积,把降雨收集后储存于地下 80 吨的雨水储槽,再利用太阳能电力将雨水泵送至屋顶的容量为 1t 的雨水储槽,提供屋顶菜园花圃浇灌用水。

2) 将雨水浇灌系统连接至各住户的阳台盆景区,盆景配置采用上、下并排式,能够充分利用水资源,点滴不浪费。

3) 中庭景观河流也采用雨水。

4) 室外停车场铺设透水性砖,降雨可透过透水性材料渗透至地下水层,涵养地下水资源;建筑物后方绿化区域内规划出较低洼的雨水渗透区,将建筑区域多余的雨水导至此,渗透至地下水层。

(3) 景观

注重绿化环境设计,其中公共中庭利用雨水设置的水景吸引了居民停留交往;屋顶和各住户的阳台及中庭设置菜圃和花园,除可保暖隔热之外,也提供了绝佳的绿化建筑物的效果;中庭景观河流以十二生肖为造型设计出水口,饶富趣味,同时提供各类生物的栖息空间。

十六、Otay Ranch

1. 项目概况

地点:美国加利福尼亚,圣迭戈

规模:面积为 9200hm² 的新城镇,预测人口在 2020 年达到 80000 人。27000 处住宅单元组织成 11 个"村庄"。这些"村庄"将围绕着占地 170hm² 的"市镇中心"建设

建筑设计:联合项目团队

时间:1992 年竣工

类型:将社区导向和以公共交通为基础相结合的新城镇

图 7-24 住宅外观

2. 核心技术特点

(1) 有关生物与气候的特点

为了保护水资源和创造一个适应现有自然环境的景观,设计一个由耐旱植物构成的乡村景观。

(2) 技术特点

整个新城镇各具特色的街道和道路相互衔接,因此居民可以选择机动车、步行、公共交通(电车和巴士)、高尔夫手推车和自行车到达社区的任何地方。重点绿化街道,在炎热的夏季可以降低周围环境的温度。

3. 可持续规划与建设

(1) 节水

规划中,至少 5700hm²(约占总用地的 62%)的土地规划为绿地和自然保护区。为

了保护水资源和创造一个适应现有自然环境的景观，将创造一个由耐旱植物构成的乡村景观，这与大多数的美国社区中的需要经常修剪、浪费水资源的典型的人工景观相反。

（2）节能

由于 Otay Ranch 希望能提供 47000 个工作岗位，其中 40% 的工作人员可能来自低收入人群，因此，规划中包括了占所有住宅 10% 的经济住宅。

规划承认能源保护的重要性，为了确保大范围的能源保护和减少能源消耗，Otay Ranch 规划包括了能源保护的具体目标和政策，意在为将来的发展创造一个平台。

（3）交通

所有 11 个"村庄"围绕占地 170hm² 的"市镇中心"建设，中心处设计大量的市政和商业建筑。每个"村庄"有各自的"市政中心"（包括公共设施、购物广场、办公室、高密度的住宅和公共广场）。

整个新城由各具特色的街道和道路相互衔接，居民可以选择机动车、步行、公共交通（电车和巴士）、高尔夫手推车和自行车到达社区的任何地方。其中，6个"村庄"中心和镇中心由圣迭戈的电力系统相连接。为了保证步行特色，未来的 6 万居民将住在公共车站和住宅区公用设施周围。

十七、科尔希斯特费尔德居住区

1. 项目概况

地点：科尔希斯特费尔德(Kirchsteigfeld)，简称 K 城

所在区域：西南郊外，隶属波茨坦城

总用地面积：60hm²

容积率：0.6～2.4，平均为 1.0

建筑层数：3～8 层

居住户数：2800 户

规划设计：克里尔/科尔(Rob Krier/Christoph Kohl)

设计/竣工时间：1991～1997 年

户型：多层住宅使用面积从 26～140m² 不等，另有部分独户住宅，配有教堂和超市等公共设施，部分住宅底层有商业服务配套设施等

2. 核心技术特点

在整个新镇，雨水通过一套地上排水网流入牧人河与人工渠，最后流到河渠尽端的贮水池，这一地上雨水环绕系统——从内院到街道的排水沟渠，给 Kirchsteigfeld 镇带来了特殊的生态环境特色。

3. 可持续规划与建设

（1）绿化

在 Kirchsteigfeld 镇中，绿带主要沿"牧人河"和"人工渠"布置，东侧沿高速

图 7-25 住宅与景观

第七章 可持续居住区案例分析

公路有绿化隔离带和绿地。每个 Block 中心是庭院。Block 的转角处被突出和强调，这一处理一方面加强了公共空间（街道广场）的围合，另一方面，这一收头处理强调了"门框"效果，加强了对视线的引导。另外，Kirchsteigfeld 镇的 Block 形式比较丰富，东南办公区的 Block 形式基本为规整矩形，住宅区部分由于曲折的街道广场空间，其中 Block 形式多样。

Kirchsteigfeld 镇中单纯的线形河岸与端点池塘、安亭镇中心绿带变化丰富，具有东方特色。在镇中东西两区还有三个绿地公园，结合街道、广场和庭院的绿化，整个安亭新镇具有花园城市的特征。

（2）生态设计理念

这座新镇可以说是对德国中世纪城镇的现代演绎。罗伯·克尔对欧洲传统城市的街道广场进行过研究与划分，总结了广场与街道类型。在 Kirchsfeigeld 新镇中，罗伯·克里尔实现了自己理想城的设计理念：一座人性化、生态化的城市，连贯而富有变化的公共空间，尺度亲切，识别性强，整体性与多样性相统一。

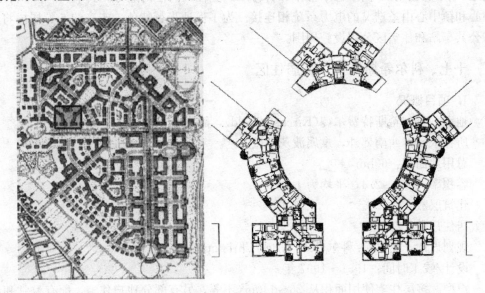

图 7-26 居住区平面图

（3）城市结构与结构单元

在 Kirchsteigfeld 新镇中，原有的东西向的一条小河——"牧人河"在设计中成为新镇重要的风景元素和空间划分元素，它把 Kirchsteigfeld 镇分为北半部和南半部。另一道南北向的人工排水渠把东部的办公服务区与西面的住宅区隔开。办公区的东面是高速公路，通过东面的办公楼可以减少高速公路对住宅区的噪声干扰。

Kirchsteigfeld 新镇基本上由两个半环状街道网组成。外环由平行于人工排水渠和划分办公区和住宅区的南北向街道及北面和西侧的街道连接而成。内环由以中心广场为核心的连贯的街道广场组合而成。中心广场有放射形街道与内环沟通。在内环上，几个大小不同的广场相贯通，其曲折的形式让人体会到空间连续的变化。克里尔在主要街道广场上设计了景观标志，从而提高了空间的识别性和吸引性。

十八、马斯达尔城

1. 项目概况

地点：阿拉伯联合酋长国首都阿布扎比

所在区域：阿布扎比郊区

总用地面积：约 600hm²

建筑层数：限高 5 层

居住规模：约 5 万人

规划设计：英国福斯特事务所（Foster and Partners）

图 7-27　鸟瞰图

设计/竣工时间：2008～2015 年

规划：马斯达尔城内设有商业区，能容纳至少 1500 家公司。城中还有政府办公部门、住宅区、科学博物馆和教育、娱乐设施。

2. 核心技术特点

城区内外建有大量太阳能光电设备，还有风能收集、利用设施，这样就能充分利用丰富的沙漠阳光和海上风能资源。城市周边的沙漠中将布满无数太阳能光电板和反光镜，可以把太阳能转化为电能。

主要提供林荫的不是树木，而是由覆盖在城区上空的一种特殊材料制成的滤网。城中将建设一种叫"风塔"的装置，利用风能、空气流动和水循环形成一个天然空调。

3. 可持续规划与建设

（1）节水

污水循环再利用，海水脱盐淡化，中水灌溉花园、农场。城市内的树木和城外种植的农作物将使用经过处理的废水灌溉，达到比一般城市节约用水 50% 的目标。

（2）节能

阿拉伯联合酋长国炎热的夏季每年长达 9～10 个月，太阳直射的地表温度在 50℃以上，空调降温耗能十分惊人。马斯达尔内采用了多种绿色降温手段：

首先，城内狭窄的林荫街道纵横交错，不过主要提供林荫的不是树木，而是由覆盖在城区上空的一种特殊材料制成的滤网。虽然阿联酋是世界第五大石油出口国，但马斯达尔不会使用一滴石油，却能完全实现能源自给自足。城区内外将建有大量太阳能光电设备，还有风能收集、利用设施，这样就能充分利用丰富的沙漠阳光和海上风能资源。建成后，城市周边的沙漠中将布满无数太阳能光电板和反光镜，可以把太阳能转化为电能。另外，城市周围将种植棕榈树和红树林，形成一个环城绿色地带，在改善环境的同时，这些树木可以提供制造生物燃料的原料。在未来，竖立在大海与沙漠之间的众多大型风车也将成为这里一道独特的风景。

其次，城中将建设一种叫"风塔"的装置，利用风能、空气流动和水循环形成一个天然空调。

第三，城中密布的河道和喷泉也能发挥降温增湿的作用。

第四,城内街道设计得非常窄,一些地方甚至只有约 3m 宽,围绕城区,还种植了大量的棕榈树和红树,目的就是为了减少阳光直射,增加荫凉。

整个城市 100% 能源将由可再生能源提供,以太阳能为主。太阳能提供的电能还将用于制冷系统驱动和海水淡化加工厂运转。

(3) 排污

城市大部分建筑的屋顶都将用于收集太阳能,而街道整体布局将创造"微地带",在潮湿的气候下保持空气流通。整个城市 99% 的垃圾不得使用掩埋法处理,将尽可能回收、重复使用或用作肥料。城市内的树木和城外种植的农作物将使用经过处理的废水灌溉,达到比一般城市节约用水 50% 的目标。

十九、哈里法克斯

1. 项目概况

地点:澳大利亚阿德雷德市内城哈利法克斯街的中心工业污染区

总用地面积:2.4hm²

建筑层数:2~5 层

居住户数:350~400 户

开发:澳大利亚城市生态公司和生态城市股份有限公司

设计:保罗·F·道顿(Paul·F·Downton)及政治与生态活动家查利霍伊尔(Cherie Hoyle)等,澳大利亚建筑师协会

图 7-28 住区外景

类型:以住宅为主,同时配有商业和社区服务设施

2. 核心技术特点

(1) 材料与结构

墙体使用厚实、有弹力的土墙,400mm 厚的土墙原料主要取自乡村土区需要恢复的退化或受到侵蚀的土地。

建筑选用对人体无毒、无过敏、节能、低温室气体排放的建筑材料。墙体设计可使用数百年,它支撑着楼板、屋顶,并起到储热的作用,而且还在紧凑的城市布局中吸声—隔声为形成良好的邻里关系提供可能。

(2) 技术特点

建筑在 2~5 层之间变化,上有屋顶花园、观景楼;屋顶花园既是游憩场所,又可种植食物及增强邻里关系。全区屋顶花园上有 1000 多个太阳能收集器,通过它们可以热水取暖、制冷或给蓄电池充电。

3. 可持续规划与建设

(1) 节水

最大限度避免依赖区外基础设施,特别是水和电的供应。通过收集、储存雨水和中水阻止区内的水流失,落到屋顶、太阳能收集板、小路、外廊和阳台上的雨水被收

集并输送到地下水池，与经过过滤的下水道污水、淋浴和洗漱用水而得到的"中水"（Grey Water）混合，可灌溉屋顶花园、维护生产性景观植被，同时也从生态廊道渗入场地，而"绿色走廊"为本地本土动物提供生境，几年后区内所有的水将循环利用，水的输入量将趋向零。

（2）节能

在区内制造能量、获取资源并就近使用，如通过太阳能光电板发电，过剩的电力则输送至蓄电池。共用设施沟还设有先进的光纤电信系统如光缆电视、PABX 电话网，使区内外信息交流安全、方便。

区内设置一定的停车场，大都是地下的，没有穿过式交通。全区设有残疾人通道、小径，可通车区域能通过不渗透或半渗透地面收集雨水，停车场的地面设计为人可活动的场所而不是仅仅为了汽车，像屋顶花园一样，停车场也建上有藤蔓的凉亭，并安装太阳能收集器。

（3）污水处理

在区内设置一些堆肥厕所使富含有机质的污水不全部流入下水道，不仅为区内植被提供肥料，同时还可制造沼气。在小型市场附近建有太阳能水生动植物温室（即污水处理厂），污水将在这里通过生物过程得到处理，并提供堆肥和洁净的灌溉水。

（4）生态设计

阳台、凉亭、帐篷和树木都将保护户外的人们免受紫外线辐射和雨淋。建筑设计反映气候特点，隔热、采光、通风与墙体的有机结合使建筑在全球气候变化和阿德雷不同条件下都能更好地发挥功能。

二十、TORSTED VEST

1. 项目概况

地点：丹麦东海岸的日德兰半岛
所在区域：西南郊区的小城镇霍森斯
总用地面积：55hm^2
居住户数：900 户
规划设计：by-og 景观规划设计团队
设计/竣工时间：1990～1992 年
类型：健康生态型城市居住区

2. 核心技术特点

（1）材料与结构

90％的建筑物的建造使用再生材料，使用容易生产的绝缘混合物再生混凝土和黏土、彩色瓷砖，从拆卸的成本效益来确定建筑物的外部装饰。人行道、停车场和街道也使用再生碎石和砖材料。

（2）技术特点

建立和组成的 52 个合作住房单位的灵活模块，分区允许可变住宅大小为 1～4 室公寓。

3. 可持续规划与建设

（1）节水

使用节水管道设备。尽可能回收利用自然雨水，用于冲洗厕所和运行洗衣机，从而减少了自来水的使用量。

（2）节能

根据特别规定，整个发展是着眼于能耗低。热电联产设施，使用天然气为个别建筑或数栋建筑组合在一起提供能源取暖和用电。在第一阶段建设的70个住宅单位投入运营的大型热电联产设施，可以提供比目前更多的住宅建筑所需的能源。该居住区内建造的一个"节能建筑"，配备了回收热和太阳能的集热器。

（3）绿化

霍森斯的公民自发植树12000棵，而可持续的住区的特点是郁郁葱葱的大面积的绿地。社区绿地空间既宽阔又内聚，其间穿插以带状绿化和景观节点，形成丰富多变的视觉感受。

（4）废物处理

两个堆肥堆可用于有机垃圾处理。一个堆肥堆作为一个社区处理站。家庭将垃圾进行分类，分类后的垃圾通过特定的堆肥制作系统，将垃圾处理成植物的肥料，这不但避免了垃圾的二次污染，同时也节省了种植的成本。

二十一、北京当代MOMA

1. 项目概况

地点：北京市东直门迎宾国道北侧

建筑面积：22万 m^2

容积率：2.64

绿化率：36%

规划设计：斯蒂文·霍尔

设计/竣工时间：2003～2009年

设施：50间公寓、公共绿地、商业地带、酒店、电影院、幼儿园、蒙特梭利学校、地下停车场

图7-29 住宅外观

2. 核心技术特点

（1）材料与结构

外墙：600mm外墙（400mm钢筋混凝土，100mmXPS高质量保温体，100mm流动空气层）。

内墙：高级环保涂料。

结构：剪力墙，钢筋混凝土部分采用型钢混凝土和钢结构。

窗：采用中空镀膜Low-E玻璃。

（2）技术特点

新风系统：设立独立新风供应系统，平均换气次数0～1次/h，可调节，提供每人

每小时 300m³ 的新风量。

供电：双回路供电，分级过载保护，双插座回路漏电保护，IC卡智能电表

采暖制冷：低温混凝土顶棚辐射智能采暖制冷系统。

3. 可持续规划与建设

(1) 节能

外围护——600mm 厚外保温结构，传热系数 3.6W/m²K，仅为北京现通行节能标准的 60%。Low-E 中空内充气玻璃，严密保温，配合断热铝合金窗框，整窗导热系数不大于 1.8W/mK。

地源热泵——通过深入地下 100m 的垂直换热器，与土壤热交换，再由冷热泵机组将温度调至适度，满足顶棚辐射系统直接供冷或供热。近乎无限的可再生资源，高效舒适，环保节能。夏季节能 30%，冬天节能高达 40%。

(2) 生态设计

交通——紧邻亚洲最大的交通枢纽工程——东直门交通枢纽，集轻轨、快速铁路、地铁、出租、公交、长途客运等多种方式为一体的城市交通网络。同时，首都机场第二始发大厅也建立于此，乘坐快速铁路 18 分钟便可顺畅到达机场。

绿化——采用地面、裙房屋顶、高层屋顶三层立体绿化。

温度——通过向楼板内埋设的管材里注入适宜温度的水，以顶棚辐射方式使室温常年保持在人体最舒适的 20~26℃之间。辐射采暖制冷效率高，温度均匀，无风感，无噪声。

图 7-30　绿地系统

换气——全置换新风系统，取自室外新鲜空气经过滤除尘、加热/降温、加湿/除湿等处理过程，以每秒 0.3m 的低速，从房间底部送风口送出，缓缓上升，带走人体汗味及其他污浊气体，最后经由房间顶部排气孔排出。新、回风完全杜绝交叉污染，既节能又保证室内空气品质的要求。

隔声——600mm 复合外墙；严密的窗结构；厚度为 160mm 的现浇混凝土楼板，铺设隔声架空龙骨地板，隔绝噪声更为有利。

二十二、伯克利

1. 项目概况

地点：旧金山湾的东部海岸

规模：总面积为 45.9km²，总人口为 102743 人，人口密度为 3792.5 人/km²

类型：生态城市

2. 核心技术特点

溪流恢复工作；"依靠就近出行而非交通运输实现可达性"；废物回收循环利用

系统。

3. 可持续规划与发展

（1）节能

到目前为止，伯克利在节约能源方面已做了许多有益的工作，包括隔热绝缘材料、再生能源、太阳能热水器、太阳能空气加热器、被动和主动式节能系统及其他能源温室。在区域方面，地热能和风能对电力供应的贡献极大，使人们对可再生能源的重视逐渐增长。

（2）交通运输

伯克利在土地使用功能上相当多样，并且一般将多种使用功能彼此接近、混合安排，所谓"依靠就近出行而非交通运输实现可达性"。为了减少高速公路对滨水区的影响，尽量增加旧金山湾的城市中心商业区和郊区地带功能的多样性，这样将有可能使先前的通勤者选择离家更近的就业地点——只会偶尔而不是频繁地使用高速公路。

伯克利于20世纪70年代早期开始，启动了一个自行车计划，并于80年代初倡导慢速街道，在这个慢速街道网络系统中，自行车比小汽车拥有优先权。

（3）治污

溪流和其他水道是生态资源最丰富的区域之一，而在伯克利，大部分溪流被掩埋了。为了拯救伯克利的溪流，伯克利"城市中心商业区规划小组"提议，在伯克利建筑密度最高的闹市区，当溪流从人行道之下穿过时，可以将另一条街道或小路转换为步行空间，从而使溪流得见天日。

经验（远期规划设想）：

5～15年后（现在）

1）已经建立了一套慢速街道系统。

2）在城市中心商业区、码头区及城西和城南的中心，以步行天桥将一些新老建筑连接了起来。

3）在密度最低的地区，有些破旧和遭受过火灾的房屋将被拆除，并不再重建；有些最缺乏活力的街道将对过往交通关闭，一端转变为公园，另一端转变为停车场；或者在有的改造中，完全对小汽车关闭，并以朴素自然的步行和自行车专用道取而代之。

4）大部分的海岸线和溪流水体的很长一段正在恢复之中。

15～50年后的伯克利

1）当一些人受到积极鼓励，搬迁到离中心更近一些的地区后，更多的低密度地区被腾出来，许多人就近找到了工作和住处，不少人还卖了他们的小汽车。随着对大号分区的鼓励，对比反差年复一年地增长拉大，促使更多的人寻找机会实施搬迁。

2）草莓溪的全段和其他溪流的大部分已经实质性地得到开通；随着废弃物和污染问题逐渐缓解，鱼类开始在草莓溪重现。

3）连接北Shattuck社区、城市中心商业区、伯克利城南区和Oakland社区的有轨电车重现。随着其2/3的汽车停车场被拆除改为农田用地，伯克利城北区BART线路站的规模将缩小。保留下来的停车场的一半空间将留给自行车和小型电动车，其服务的人数是小汽车停车场的6倍。

4) 现在，许多建筑被天桥连接着，一条自行车和步行天桥将城市中心商业区与生态城市设计学院连接起来。城市中心商业区内，目前有两三座建筑比西部大厦要高；伯克利城西区和城南区有2～3座建筑超过了8层。它们被天桥连接着，并拥有屋顶公共空间——咖啡馆、雕塑公园以及视野开阔的散步场地。许多较大的建筑拥有太阳能温室、屋顶花园、风力发电机组和其他的生态城市的特色"部件"。这时，大量的资金被投入到无汽车交通的基础设施建设和服务方面。土地开发权的置换工作有条有理地进行着，跨越式基金正将燃油税和小汽车税所得的资金转移到市中心的混合功能的开发上去。

5) 在码头区，一个半岛已经成为岛屿，使得水体得以循环流动，并且创造出一个非常独特的社区。过去情况有一些糟糕——非常嘈杂、水体近乎停滞的水上公园，随着一条新的连接海湾的高速公路在两处跨过水面，而使其重新焕发活力。码头区内许多重要的开发仍在继续，大部分由Santa Fe土地公司主持，目标是使该地区转变为一处具备钓鱼、旅游、办公场所和居住功能的、拥有像威尼斯一样的运河水系的富有活力的中心。

25～90年后

1) 自行车道：允许限速在每小时15英里（约24.14km）左右的小型电动车通行，但不包括小汽车、公共汽车或是卡车（必要的快递送货及紧急事件机动车除外）。这种类型的自行车道正变得十分普遍。

2) 伯克利城北区的BART车站关闭了，而Albany BART车站开始启用。经由San Pablo大街，有轨电车将Albany、伯克利城西区与奥克兰和里士满联系起来。通过大学林荫大道，将城市中心商业区、伯克利城西区和码头连接起来。电缆车又将北Shattuck区、Elmwood社区和城市中心商业区与伯克利山脊线上的壮丽景色连在了一起。

3) 开始以一种生态恢复经济取代战备经济——这意味着自20世纪30年代以来，首次可以将大量的资源用到公共建设工程事业中。其中之一便是对过去错误指导思想下的填海用地重新进行挖掘和疏浚，恢复健康的水体循环，恢复湿地——这些举措将使大量的水生生物和鸟类回归。

4) 高速公路的路堤不见了，四车道的高速公路建在了桩基之上——水上公园的东部岸线此时就是旧金山湾的东部岸线。这里已经形成了一片海滩，人们开始讨论将高速公路放到第四大街附近的地下去。

40～125年之后

1) 高速公路被埋到了地下。当伯克利的生态城市思想感化、影响超过一代人之后，并且在生态圈和世界资源状况恶化之后，其他区域开始认真对待生态城市的土地使用问题。最终，由于工作、居住、休闲和别的活动被紧凑地安排到一起，高速公路交通量慢慢地变得非常小。在距离遥远的城市之间，飞机和火车解决几乎所有的交通出行。在中等距离的城市之间，大部分依靠火车解决交通问题，辅助以一些公共汽车和出租小汽车。人们更多地参与社交活动，更少地沉迷于电视，欣赏谈话和讲故事的才能，参加山上和海滩的团队活动。人们以小汽车、货车、小型巴士、还有小型火车作为出行交通工具。许多人骑着自行车行进在几乎无铺砌的无小汽车道路网上，这可以让他们在两个星期内，在乡间前进上千英里而几乎不花什么钱，并且骑车者能够伸手触摸到路边的树叶，可以让自行车躺倒在草地上。

2)作为一条四车道的公路,旧金山湾东部海岸线高速公路已进行了适度的调整,以便埋入地下。在伯克利城西区有 4~5 个排气孔(过滤器),它们是混凝土的方盒子,15 英尺(约 4.57m)高,各个表面有彩色壁画装点。

3)小型的经常性社区活动的场所在电缆车线路的端头出现了——这是太阳能、风能、生物能应用技术与艺术相结合的建筑。

二十三、哈默比湖城

1. 项目概况

地点:瑞典的斯德哥尔摩中心城区的东南边缘

规模:整个项目总规划用地面积为 145hm^2

总建筑面积:100 万 m^2

容积率:0.69,住宅 1 万套,居民 2.5 万人,就业机会 5000 个,共有 3 万人在此工作生活

建筑设计:数十家知名事务所

时间:2015 年竣工

类型:环保的现代化居住社区

图 7-31 居住区总平面图

2. 核心技术特点

(1)材料与结构

绿色建材,尽量采用干作业,低噪声。

(2)技术特点

哈默比模型:生态循环处理系统;封闭式垃圾自动收集系统;可再生燃料发电发热。

3. 可持续规划与建设

(1)节能

整个居住区由一座区域供热厂提供热水和采暖,它的燃料是生物燃料和家庭垃圾的混合物。为了使家庭垃圾用于焚烧,居民们进行垃圾分类就非常重要,比如那些有

危险性的垃圾就要被分离出来。家庭污水在 Henriksdal 污水处理厂得到处理，废水中的热量得到回收继续用于供暖，残渣用于生产沼气。每个家庭产生的沼气足够用于家庭做饭炒菜。目前，大部分沼气被用作环保汽车和公交车的燃料。

居住区还有一个实验性的本地污水处理厂，于 2003 年正式启用，主要通过新技术从污水中提取营养素用作农田肥料。地表水通过本地处理可以减轻污水处理厂的负担。本地的可燃垃圾燃烧产热，而食品垃圾则加工成有机肥料。这一整套管理能源、垃圾和水的系统就被称为"哈默比模型"，它由各责任相关方协调合作共同开发而成。

（2）治污

1）湖城对于雨水的处理一般都就地处理而不经排水管网和污水处理厂以有效缓解其运作压力与负荷——对于街巷汇集而来的雨水，它稍经过滤和净化后，便会直接排入湖水。其中净化环节可借助于沙过滤器、特殊处理的土壤或是人造湿地加以实现，而对于建筑和花园汇集而来的雨水，则会采取开放式的排水沟渠，再经由一系列的蓄水池排入湖水。

2）对于生活性和生产性污水的处理，湖城专门建立了一个检测新技术的实验性污水处理厂。目前有 4 种不同类型的污水净化新流程在此接受检测，包括净化、热循环、废水回用和养分恢复等环节，然后返用于农业用地，恢复被毁坏的农田。一旦完成评估，这一新型处理技术将在整个地区推广普及。

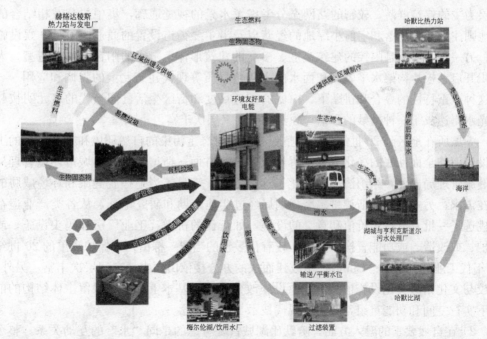

图 7-32 水循环

3）哈默比湖城采用了恩华特封闭式垃圾自动收集系统，利用空气来进行垃圾的"隐形"收运。这一系统由投放系统、中央收集站和管道系统组成。该系统的管道铺设，与自来水管、排水管和煤气管道等城市基础设施类似。与传统人工垃圾收集方式相比，恩华特系统将垃圾的收运由地上转入地下，由暴露转为封闭，由人工转为自动。

第七章 可持续居住区案例分析

通常,当居民通过室内或室外的投放口投放垃圾后,垃圾会暂时储存在垃圾储存节内,当储存节上方的感应器感应到垃圾已满,系统的中央控制系统就会启动收集站内的风机,风机运行产生的负压气流以每秒18～24m的速度将垃圾通过预埋的地下管道输送到中央垃圾收集站,再经过垃圾分离器将垃圾和输送垃圾的气流分离,气流在经过除尘、除臭处理后被排到室外,而垃圾则被压实导入到密封的垃圾集装箱内,最后由环卫卡车运往垃圾填埋场或焚烧厂。

恩华特系统采用封闭式自动化操作,解决了传统垃圾收集与运送过程中需要大量人力、物力和空间的棘手问题,极大程度地免除了恶臭异味和蚊虫鼠蚁蝇的滋扰,杜绝了垃圾收运过程中的二次污染,隔离了疾病传染源,大幅降低了疾病传播的风险,是城市垃圾收集方式革命性的突破,为提高城市规划设计,美化城市形象,提升物业价值提供了有力支持。

(3) 空间格局、景观

1) 哈默比湖城虽然位于斯德哥尔摩内城的传统外围区域,但在空间形态上并非纯粹套用既有的郊区模式,而是延续了老中心城区的街区式特色格局,并最终形成一种半开放式的城镇格局——由致密编织的传统内城区和更为开放、轻快的当代都市区复合而成。

一方面是格网布局下紧凑的用地和混合的用途,以街区为单位的院落围合和以低、多层为主的建筑群落,较密的路网充分考虑了水景的视觉通廊,集中与分散相结合的绿地则注重宅间院落和宅前小绿地的经营以及沿主要街道设置的商业服务、文娱设施等;另一方面,则是限控的建筑高度、多变的建筑形体、丰富的阳台和阶地造型、大面积开启、板片构架水平屋面和面水的亮灰色材质等现代建筑元素的强调和应用——在这种双重特性的叠合和拼贴下,内城的街道尺度和街区生活已同当代的多元明快和阳光水岸达成了一种微妙的和谐,独具韵味而又层次丰富。

湖城所在地区到20世纪末实施整顿和开发时严重污染的自然环境和大片低劣的工业设施面临全面彻底的净化清理和拆迁改建。一方面,斯德哥尔摩由城市环境管理局和健康管理局出面,组织清理和净化了这一地区,满足了当地摆脱健康和环境威胁的内在需求;另一方面,斯德哥尔摩规划局经过实地踏勘和研究论证,从各类产业遗存中挑选了一批具有特定价值和意义的设施,如近代的桥墩、工业厂房和码头设施,或保护、或改造、或功能置换。其中,较有代表性的当属一栋由列入保护清单的20世纪30年代工业建筑群——Luma厂房改建而成的办公楼依山面水,空间层次丰富。另外,学校与文化馆等文化设施也是由工业设施改建而成,基本上都是在保留主体结构的前提下实行空间和功能重组,并引入现代技术与生态理念。

2) 在自然要素的融入方面,哈默比湖城首要考虑的是同"水"的互动关系。整个湖城环绕着开阔的哈默比湖面展开,并以这片"蓝眼睛"为核心要素来组织和控制周边的空间格局:其一,在建筑布局上,它越趋近于湖岸和水滨的组团,建筑高度和开发强度越低,空间尺度也越宜人,而且相对降低的建筑密度也保证了内部空间与水域之间的畅通性;其二,在环境设计上,湖城还直接依托于滨水空间展开设计,设置了包括码头、公园、滨水林地、栈桥步道等在内的游憩场所和小品设施,甚至还在湖面上结合芦苇荡设置了海鸟的栖息地，吸引来大批鸟禽，成为一处观览和休憩佳地；其三，在要素组织上，主要路网、开敞空间和绿地系统在规划时均充分考虑和预留了水景的视觉通廊。

其次要考虑的是"山"的要素。湖城不但在南端结合山势建立了Nacka自然保留区和障碍滑雪坡，还通过两座覆盖了绿化植被的跨越高速路的生态廊道，强化了不同行政区块间的绿色联系和交通可达性。南岸区则顺应堆积山形调整了建筑布局，密植的橡树和大片草坪既有助于就地汇集雨水，又可确保空气的新鲜，同密集的城市景观达成一种平衡。东岸区按照计划将会有一条隧道穿越整座大山，同时在面湖的西坡、南坡展开一系列的建设开发活动。

至于"绿地系统"，湖城除了各街区所塑造的院落绿地和邻里空间外，主要是以迂回绵延的滨湖休闲岸线和西岸区的中央绿带（一些多功能建筑散布其间）作为整个系统建构的基本骨架。至于贯穿各主要片区的林荫大道，则在区域中发挥了主导性的交通输配和景观串接作用。

(4) 交通运输

快速公共交通的措施包括小汽车共用，设自行车专用道以及减少私人小汽车的使用。湖城在交通组织上更多的是倡导一种以公交为主导的交通模式，尤其是那些富有吸引力的节能型交通，如有轨电车、公共汽车、轮渡、步行、自行车和汽车合用组织。在哈默比湖上开辟轮渡航线，由早晨至半夜每10分钟开一班，便捷的公共汽车通往Norrmalmstorg, Mariatorget和Gullmarsplan，从Alvik到Gullmarsplan的有轨电车线，也沿着中央的林荫道穿城而过，在此停靠4站。与此同时，湖城也面向所有的居民和就业人员成立了汽车合用组织，现已有成员350名和用车25辆。

二十四、伯拉姆费尔德生态村

1. 项目概况

时间：1994年始建

地点：德国汉堡

设计：LPSB建筑事务所

类型：农村型生态社区

2. 核心技术特点

(1) 有关生物与气候的特点

建筑保温隔热性能良好，采用屋顶蓄热。

(2) 材料与结构

集热器设备采用平板式，根据建筑形式选择不同尺寸。

地下蓄水池体积4500m³，由钢筋混凝土建成，顶板和侧墙部分采用矿棉作为保温层材料，它的结构在很大程度上取决于当地的地质条件。

(3) 技术特点

以太阳能替代传统的天然气作为采暖的能源，墙体保温与蓄热相结合，屋顶蓄热，太阳能集中供暖系统。

(4) 能耗

生态村朝南屋顶的集热器总面积大约是 3000m², 地下蓄水池体积 4500m³, 每年可节电 8000kWh, 可少排放 158t 二氧化碳。

3. 可持续规划与建设

在德国，大约有 38％的能源消耗在建筑采暖上，1994 年开始实施两个太阳能供暖的建设项目，其中位于汉堡伯拉姆费尔德的生态村是当时欧洲最大的项目，这个项目对于发展新型供暖能源具有积极意义，它以太阳能替代传统的天然气作为采暖的能源。

 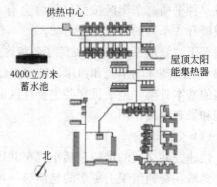

图 7-33　太阳能板屋面　　　　　图 7-34　能量利用

(1) 节能

1) 采用联排式：为了最大限度地获得太阳能，生态村的住宅全部是长条板式的联排住宅。板式联排住宅与独立式住宅相比，外墙面积少，外墙散热少，有利于采用密集型热力网，节能实用。而且，联排式住宅可以形成大面积的屋顶，对安放大片的太阳能光电板更为方便。

2) 利用太阳能：汉堡伯拉姆费尔德生态村在重视建筑的保温性能的基础上，最大化利用太阳能采暖。太阳能采暖的关键在于蓄热，生态村朝南屋顶的集热器总面积大约是 3000m²，它收集到的热量通过收集器网输送到供暖中心，在供暖中心用一个热泵传递到一个大蓄水池中，循环系统和集热器安装在 125 个住户单元的屋顶上，并与采暖中心联系，每一排住宅通过传热站传递和分配热量，散热器设施直接通过热网进入户内，而热水供应则通过一个约 30kW 的热交换器来完成。每个房间的供暖设施可根据需要自主控制，同时还能供应热水。热网通过温度自动控制系统进行综合调节。

3) 建筑外形：采用紧凑整齐的建筑外形每年可节约 8～15kWh/m² 的能耗，改善外墙保温性能每年可节约 11～19kWh/m² 的能耗，加大南窗面积、减小北窗面积，每年可节约 0～12kWh/m² 的能耗，建筑争取最好朝向，每年可节约 6～15kWh/m² 的能耗等。

4) 其他：除了太阳能采暖之外，汉堡伯拉姆费尔德生态村为了降低能源消耗和资源消耗，还采用了遮阳屋顶植被化、雨水收集等技术措施。

(2) 节水：为了节约用水，德国许多城市都规定雨水必须收集利用。在德国生态村，几乎所有住宅的屋檐下都安装半圆形的檐沟和雨落管，小心翼翼地收集着屋面的雨水。收集起来的雨水用途甚广，有些生态村把收集的雨水用作冲洗厕所，有的用来浇灌绿地，也有的把雨水放入渗水池补充地下水。

（3）治污：不少生态村对生活污水都采用生物技术进行处理，这种技术很经济，净化效果也很好。净化后的水作为生态村的景观用水，绕村缓缓流入村里的渗水池。"水渗透"在德国是一门专业技术，渗水速度既不可太快，又不可过慢。这种渗水池需由专业公司设计施工，渗水池的土壤下面是砂子，再下面是小石砾，由专业公司配制。渗水池里大多种植芦苇，处理后的污水，在此再由砂土和芦苇根须自然净化后渗入地下补充地下水。这种污水处理方法，省掉了铺设排污管，还可少交很多排污费，处理后的污水又成为生态村的景观用水，这既可美化环境，又能最后渗入地下补充地下水。

（4）屋顶绿化：生态村里扩大绿化的重要技术措施就是实现屋顶的绿化（植被化）。屋顶绿化有许多好处，夏天可以吸热防晒，对改善建筑屋顶的隔热性能有显著作用；冬天屋顶上的种植层，又起到了保温作用。屋顶植被化，不仅扩大绿化面积，而且改善了建筑物的热工性能，起到建筑节能的作用。

二十五、库里提巴（Curitiba）

1. 项目概况

地点：巴西南部巴拉那（Parana）州

规模：面积 432km²，人口 160 万

时间：

阶段 1（1960～1971 年）：酝酿总体规划阶段

阶段 2（20 世纪 70、80 年代）：初步建设阶段

阶段 3（20 世纪 90 年代至今）

类型：生态城市

图 7-35　快速公交

2. 核心技术特点

（1）发展模式

大力支持以公共交通为基础的带状城市增长模式，反对依赖石油的城市发展模式。

（2）发展原则

公共运输、道路建设、土地利用相结合。

（3）特点

城市交通系统；垃圾回收计划。

3. 可持续规划与建设

（1）交通系统

该城市率先提出"全巴士"（兼有一些特殊的巴士经过林荫道）运输网络的想法，这些巴士沿明确的"结构轴"行走，这个概念也被用来引导城市的发展。这个公交系统快速、便宜，目前运用在大都会区。

它的效率鼓励市民把汽车留在家中。在巴西，库里提巴是汽车拥有率最高的城市

第七章 可持续居住区案例分析

之一,并且人口增长率高,然而汽车流量大幅下降。库里提巴拥有最多的公共乘客(约为 214 万人次/天),但却有该国最低的空气污染率。此外,廉价的"社会票价"促进平等,有利于居住在城市边缘的贫困居民。一个标准的票价收取所有的行程,这意味着短时间的乘坐补贴了长时间的。一个票价可以带乘客到 70km 远。

1) 公交导向式的城市开发规划特点

将土地利用和交通相结合,土地的利用必须优先考虑到交通,使现有公交线路的沿线开发沿着主要线路向城市外缘发展,并把高密度混合土地利用规划与已有的交通走廊规划合为一体。欲在市区任何一个地方建造住房,必须首先考虑交通的需求。任何希望得到或延长营业许可的人都必须提供预计建筑项目对交通的影响和对停车场所的需求。

2) 公交导向式的城市开发规划的主要任务

沿着 5 条交通轴线进行高密度线状开发,改造内城,以人为本,而非以小汽车为本,并确立公共交通优先发展的原则:增加面积和改进公共交通。库里提巴已经走上了以低成本(经济成本和环境成本)的交通方式和人与自然尽可能和谐的生态城市发展道路,偏离了巴西大多数城市依赖于小汽车的城市发展定势。

3) 沿城市主轴放射式开发思路的实施

轴线是公共汽车系统的主要线路,这些轴线在城市中心交汇。城市轴线构成了一体化道路系统的第一个层次,拥有公交优先权的道路把交通汇聚到轴线道路上,而通过城市的支路满足各种地方交通和两侧商业活动的需要,并与工业区连接。

以城市公交线路所在道路为中心,对所有的土地利用和开发密度进行了分区。5 条轴向道路中的 4 条所在地块的容积率为 6,而其他公交线路服务区的容积率为 4,离公交线路越远的地方容积率越低。城市仅仅鼓励公交线路附近 2 个街区的高密度开发,并严格抑制距公交线路 2 个街区外的土地开发。

4) 公交导向式城市开发规划取得的效果

土地利用与交通的成功结合以及公共汽车快速交通技术的应用,保证了城市有 2/3 的市民每天都使用公共汽车,并且做到公共汽车服务无需财政补贴,研究人员估计每年减少的小汽车出行达 2700 万次。

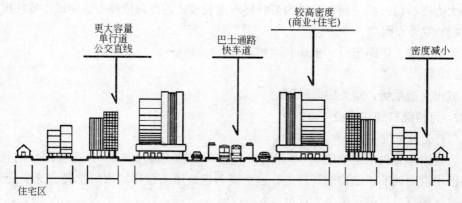

图 7-36 结构轴的排列

一体化道路系统提供的高可达性促进了沿交通走廊的集中开发，土地利用规划方法也强化了这种开发。轴线开发使宽阔的交通走廊有足够的空间用作快速公交专用路。这些政策有效地保证了城市建成区和新开发区的公交服务水平。

(2) 垃圾回收

由于回收垃圾的货车无法到达住在贫民窟里的低收入家庭，因此，他们可以把垃圾袋带到"邻里中心"，在那里可以用垃圾换取车票和食物。这意味着不仅减少城市垃圾和疾病，还能减少垃圾倾倒在敏感领域，如河流，为人们创造更好的生活环境。有一个儿童节目，他们用可循环再造的垃圾交换成学习用品、巧克力、玩具和节目门票等。

据统计，70%的城市垃圾回收是由当地的居民完成。卡车每周收集一次"垃圾"，纸张、纸板、金属、塑料和玻璃这些垃圾已在这个城市的居民房子里被分类整理好。单是城市的废纸回收就相当于每天节约1200棵树木。除了获得了良好的环境效益以外，销售可回收材料赚钱已经成为了社会性的计划，这个城市的垃圾回收政策使那些无家可归者和酗酒者重获新生。

二十六、奥伦柯车站

1. 项目概况

地点：美国俄勒冈州波特兰市希斯波罗镇

总用地面积：占地209英亩(约836000m^2)

居住户数：1800户

规划设计：克里尔/科尔(Rob Krier/Christoph Kohl)

类型：交通导向型社区

2. 核心技术特点

(1) 住房规划特点

住房的多元化，包括单户家庭住房、联排住房、Loft住房和公寓。其中特别值得一提的是居住办公房，它彻底颠覆了传统的早出晚归的工作模式，只需从楼上的卧室下几个台阶，就可以到一层的工作间。

(2) 发展特点

邻近轻轨车站，保持交通特色，有效利用土地资源。

(3) 设计特点

社区紧凑，集零售、文化和娱乐活动于一体。这种设计的目的是提高人们获得商品和服务的便利性，强化多模式交通，创建充满生机和吸引力的邻里社区。

3. 可持续规划与建设

(1) 绿地和景观

公共绿地提供了延续的景观，以增加邻居间的见面机会。紧凑型设计有助于将更多人置于轻轨站以及商业活动的步行距离之内。另一个创新设计是将车库建在房后(从后巷出入)，这种设计不仅强化了行人环境，而且增强了传统"老邻里"社区感。行人在前门看到的不再是单调的车库门和车道，而是前廊和各种英国村舍式设计元素。

奥伦柯车站证明，传统蔓延式郊区开发并非市场上惟一卖得好的产品。车站住宅项目不仅销售好，而且价格也比该地区其他郊区住房高25%，尽管后者有更大的院子和面积。由于原来的奥伦柯车站地段缺乏自然景观，既无水资源和漂亮风景，也缺乏大树，现在的社区设计给人的印象更加深刻，可以说有了翻天覆地的变化：贯穿整个项目的大片公共绿地和公园弥补了该地区自然资源的先天不足，成了一个吸引人的宜居社区。

受奥伦柯车站市场成功的鼓舞，科斯塔太平洋住宅公司又收购了轻轨站另一侧的大片土地，并将按照"精明增长"原则对其进行开发。轻轨站成了该地区的中心，更大的社区将围绕该中心进行开发。

（2）交通

对那些在邻里以外工作的人，奥伦柯车站提供了多种通勤选择。最突出的一点是，社区紧靠轻轨站，居民可以很方便地乘坐轻轨和其他公交工具。第一年，所有新来户可以享受一年的免费轻轨车票，鼓励人们乘坐公交车。事实上，根据1999年的邻里调查，1/5的家庭至少有一名成员定期乘坐轻轨，一半以上居民使用轻轨的次数超过了预期。另外，对于在附近工作的居民，许多人选择步行或骑车上下班，即使驾车出行的人驾车距离也很近。

（3）邻里结构

市镇中心既是社区的形象中心，也是其功能中心，距轻轨车站只有0.5km。奥伦柯车站位于开发区南侧的边缘，是社区设计的重要元素。在规划上，奥伦柯车站社区以车站为起点，沿一条行人友好大街（奥伦柯车站公园大道）由南向北延伸，经过市镇中心，最终到一个由数条步行街环绕的中央公园。这是一条车行和人行交通干线，街道两旁是联排住房，支路和开放空间从主路横向分出，形成四通八达的街道网。整个街道规划以行人活动为中心。

在设计上，商业区集中在市镇中心。那里的零售业基本能够满足社区的日常需要，店铺包括清洁店、牙医、眼镜店、园艺店、会计师、股票经纪人、咖啡馆、酒馆、杂货店和饭馆。

奥伦柯车站的许多居民或在附近的高新技术企业工作，或在家办公，或乘轻轨到外面工作，但越来越多的居民选择在市镇中心工作。许多老板也是奥伦柯车站的房主。经营园艺和礼品的老板詹尼斯·斯坦福德，每天上班只需像散步一样穿过公园，她的伙计就是她家的隔壁邻居。意大利咖啡馆老板吉姆·波奇和印度餐厅老板萨巴哈·拉菲科住在街道末端中心公园里的村舍。艺术家特里·布朗在家办公，楼下是画廊，楼上是卧室，他还在咖啡馆做兼职，妻子黛博拉在市镇中心大楼里经营着自己的生意。

二十七、深圳第五园

1. 项目概况

地理位置：深圳市龙岗区布吉镇坂田村

占地面积：一、二期占地面积12万 m^2

建筑面积：12万 m^2

容积率：约1.0
类型：联排别墅(185~235m^2)、情景洋房(135~165m^2)、多层公寓(75~105m^2)
配套商业：2600m^2
建筑设计：北京市建筑设计研究院王戈、于洪涛等
景观设计：易道规划设计有限公司

图7-37 小区总平面图

2. 核心技术特点

（1）屋顶

采用黑色金属坡屋顶、屋檐，并在挑檐和表面细棱作细致处理，有利于排水。

（2）窗、玻璃

采用隐框的透明玻璃窗、中空隔声隔热玻璃、6mm厚的铝合金窗框。

3. 可持续规划与建设

（1）节能

第五园在设计上体现了南方住宅在气候上对"冷"的追求，对于住宅这样的自然通风的方式进行了相应的研究。在楼盘建造之初，项目组特地去考察了岭南地区的西关大屋、竹筒屋和客家围屋，发现这些房子有许多与当地的自然气候紧密相连的，有利于遮阳通风的做法。于是，第五园在设计中再现了一些根植于传统的生态设计手法，也因此唤醒了人们深藏的记忆和认同感。第五园吸收了竹筒屋和冷巷的传统做法，通过小院、廊架、挑檐、高墙、花窗、空洞以及缝隙，试图给阳光一把梳子，给微风一个过道，使房屋在梳理阳光的同时呼吸微风，让居住者时刻能享受到一片荫凉，提高了住宅的舒适度，有效地降低了能耗。

（2）规划

整个社区的规划是由中央景观带分隔而成的两个边界清晰的"村落"所组成。一条简洁的半环路将两个"村落"串联，每个"村落"都由三种产品即庭院House、叠

图 7-38 住宅外观

图 7-39 小区道路

院 House 以及合院阳光房所构成。各"村"内部都有深幽的街巷或步行小路以及大小不同的院落组合,宜人的尺度构成了富有人情味的邻里空间。紧邻城市干道的商业街和社区图书馆与住宅区之间以池塘相隔,以小桥相连,互为景观。其内部空间也特别强调了各种开敞、半开敞、下沉的院落和连廊组合,形成丰富而使人流连的"村口"场所。

(3) 景观

第五园的植物配置上,竹子作为主景或背景是处于统领地位的。实墙前、花窗后、小路旁、拐角处等"要害"部位,大多毫不犹豫地种植高雅挺秀的竹丛或竹林,步行系统的乔灌木配置则更突出其遮阳纳凉的作用,而富于广东特色的旅人蕉和芭蕉等植物则点缀其间,体现出些许热带风情,使整个社区环境在窄街深巷,高墙小院的映衬下更显得深邃与清幽。

二十八、万科朗润园

1. 项目概况

地理位置:上海闵行区新龙路
占地面积:9.6 万 m^2
建筑面积:14.68 万 m^2
容积率:1.28
绿化率:40%
类型:以花园洋房为主,另有多层、小高层和单身公寓
建设单位:上海万科房地产有限公司

2. 核心技术特点

(1) 围护结构

小区的建筑外墙全部采用 EPS 聚苯板保温体系,外门窗采用断热铝型材加 Low-E 双层中空玻璃。

(2) 技术特点

引入法国 ALDES 自平衡式通风系统;室内采用高能效比的空调机,全隐蔽式空调主机位;雨水收集、中水回用系统;太阳能集中照明、供热系统以及创造安静声环境的有效降噪系统。

第七章 可持续居住区案例分析

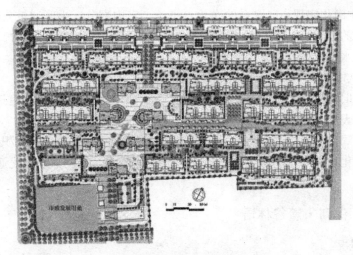

图7-40　小区总平面图

3. 可持续规划与建设

(1) 节能

朗润园项目采用了诸如外墙外保温、保温型铝门窗、新型墙体材料、峰谷电表等节能技术。从选材方面，选择了如欧文斯科宁公司的"福满乐"XPS板（导热性及稳定性优于常规XPS板）作为外墙及屋面的保温材料等，选择国内一流的施工队伍——上海五建、龙元集团作为施工总包，确保了节能型住宅顺利的建成。通过验算，住宅节能率大于50%，并通过了相关主管部门的节能验收，符合节能住宅的标准。项目从设计、施工管理、材料控制等方面确保节能系统材料符合标准，施工质量符合规范（无国家规范的参照行业规范）。通过材料样板间、施工样板引路等制度推行诸如外墙外保温施工，确保了施工的质量。

图7-41　通风自平衡系统　　　　　图7-42　太阳能利用设施

(2) 节水

朗润园对小区水环境进行统筹规划，分室内与室外两部分，从节水及提高水质两个目的着手。室外部分：小区设置了雨水收集系统及中水回用系统（中水针对两栋单身公寓），将常规忽略的水源进行处理及再利用，小区节水率高达41%，回用率为12.5%。使用处理后的雨水补充景观水系，确保水源的基本水质，再通过人工湿地（生态工法）的二次净化实现小区水系的净化自平衡。室内部分：小区通过分质供水技术，提供住户便捷的纯净水供应渠道。通过节水型龙头及卫生洁具实现室内日常生活的节水模式，将节水理念引入普通百姓家中。

（3）环保与绿化

回收利用旧资源：回收旧建筑物的瓦和砖，用于施工围墙及临时建筑。保留、恢复原有植被和天然河道，将对自然环境的影响减至最小。

多样化的绿化系统，改善小区微环境：倒置式保温屋面系统，大面积的屋顶绿化，西山墙垂直绿化，区内立体绿化，外墙浅色饰面。地面停车位采用绿化遮阳篷，保证舒适度。

二十九、保利·麓谷林语

1. 项目概况

地理位置：位于长沙市大河西先导区麓谷高新工业园内

占地面积：79万 m^2

建筑面积：138.05万 m^2

容积率：2.1

类型：集学校、酒店、大型商业、高层住宅、联排低层住宅等物业于一体的综合示范小区

开发单位：湖南保利房地产开发有限公司

设计单位：湖南省建筑设计院

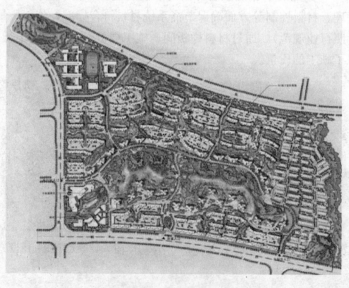

图 7-43 小区总平面图

2. 核心技术特点

（1）围护结构

外窗采用高性能吸热中空玻璃降低能源损耗；采用可调节的外遮阳系统。

（2）技术特点

楼道中间采用自然通风拔风井，在通风效果较差的区域采用无动力涡轮通风器；小区内设置垃圾分类收集系统。

3. 可持续规划与建设

（1）节能

小区从整体规划、设计、实施都严格按照国家目前实施的各项节能标准，并且综合考虑，在围护结构和设备的各项技术上都加以提高，使节能率高于长沙市现行住宅建筑节能标准。

合理采用被动式节能技术。合理设计建筑体形、朝向、楼距、窗墙比。充分利用自然通风、天然采光。地下空间大面积自然采

图7-44　山脚风光互补路灯

光、自然通风，部分地下室内房间采用光导管照明技术。双大堂设计，地下大堂实现自然采光和自然通风。

为充分利用可再生能源，在山顶休闲广场和环山交通要道边使用风光互补路灯。同时，在山上休闲步道旁，由于树林茂密，不利于利用太阳能和风能，因此，在休闲步道一侧向阳的地点安装太阳能庭院灯用于照明。

（2）节水

小区内设置6个大型地下雨水收集池，同时在高层建筑地下室无法有效利用的空间设置雨水收集池，利用雨水收集系统收集山体地表水，屋面、路面雨水，用作园林灌溉、水系补充等。雨水收集池容量大于3万m^3。

利用山体植被覆盖率高的特点，提高社区雨水下渗能力，增补地下水。同时，充分利用现状地势，沿中央山体交通要道修建雨水收集沟，收集山上流下来的雨水以及山体表层的渗流，经沉淀栅格井沉淀、除杂处理后流入设计在山体周围的雨水收集池内，以用于小区内的绿化浇灌和景观补充水。

（3）室外环境

小区绿地因地制宜，采用当地的植物配置，尽量保持小区内原生态环境，通过移摘、改变规划等措施保留好的植物，保留自然水体，绿地率大于45%。小区地面停车场采用植草砖地面，人行道采用透水地面砖，透水地面面积比大于45%。

项目始终围绕"和谐生活、自然舒适"的开发理念，利用"山、水、建筑"三要素设计开放空间，对用地内山体与水体把握尽量保留、适度改造、合理利用的原则。

（4）景观

利用原有山脉的特色，以自然环境为基本，修复植被，保护山景。对现有树木、山林等加以保护，补种多种乔木、阔叶树、常青小灌木等。对因施工造成的破坏、垃圾堆等处补种植被、树木，使修复的山体、绿地与山林形成一个整体生态系统。保护自然植被，做到春有花，秋有果，四季常青，使山体更好地留住雨水，成为小区的森林公园。